U0163325

辰巳芳子的四季之味

—滋养生命的家庭料理—

[日]辰巳芳子——著

吴绣绣——译

北京联合出版公司
Beijing United Publishing Co.,Ltd.

十月

秋日焖饭……92
甜煮黄豆……94
大德寺醋拌菜……96
醋煮沙丁鱼……98
佃煮鲣节……100
煮油豆腐三种……102
杂菜拌豆渣……104
剩面包小点心……106
波隆那肉酱……108

十一月

柚香烤青花鱼……110
青花鱼肉松……112
根菜卷织汁……114
别致牡蛎饭……116
烤带壳牡蛎……118
鳕鱼土豆马赛鱼汤……120
风干咸鱼……122
苹果冻……124
常夜锅……126

十二月

匈牙利红烩牛肉……128
什锦鸡肉冻……130
焗烤芜菁……132
鲑鱼箱型寿司……134
黑豆、煮醋渍萝卜……136
昆布卷……138

一月

七草粥、红豆粥、白粥茶碗蒸……140
白萝卜佐味噌……142
用萝卜缨做菜……144
牛筋肉和调味蔬菜的横取锅……146
蒸莲藕汤……148
治部煮……150
日内瓦风格炖猪肉……152
意式蔬菜浓汤……154

二月

酒粕炖猪肉……156
醋腌青花鱼……158
慈姑炸真薯……160
干萝卜炖芋头……162
三种味噌汤……164
菜泡饭……166
法式家常浓汤……168
西班牙风格煮白芸豆……170
田园煎蛋饼……172

三月

分葱和贝柱的醋味噌酱拌菜……174
炖甲鱼风味鸡肉清汤……176
豆腐拌菜……178
葛饼、蕨饼……180
飞龙头……182
鱼子炖菜……184
菜花小碗盖饭和芥末拌菜花蛤蜊……186
关于『出汁』……188
后记……190

辰巳芳子的四季之味

——滋养生命的家庭料理——

目录

四月

浸汁带根鸭儿芹……4
炸什锦拌饭……6
炒煮裙带菜小杂鱼……8
嫩菜寿司……10
佃煮笋丝、嫩笋汤……12
厚鸡蛋烧……14
油炸土豆仔……16
春日沙拉……18
白玉团子……20

五月

蛋黄酱浇汁青豆鸡肉茸……22
青豆拌小肉丁（田园风）……24
豌豆卷织汤……26
焗烤卷心菜包肉……28
特色酱汁鸡肉炖菜……30
鸡肉南蛮渍……32
水煮芦笋的方法……34

六月

清蒸鲜鲣鱼块……36
当季洋葱汤……38
煮青梅……40
用『梅干』做菜……42
土豆炖肉……44
小钵素面……46
基础番茄酱……48

七月

南法风味煎番茄……50
盐渍黄瓜、芝麻醋拌黄瓜……52
炸茄子……54
烘肉卷……56
西式炖煮蔬菜……58
玛丽亚娜番茄酱……60

八月

暑期烤牛排……62
西班牙冷汤……64
番茄果汁……66
即食醋浸黄瓜……68
炒味噌……70
咖喱肉酱……72
豆沙冷汤……74

九月

秋茄子泥龟渍……76
用芝麻做菜……78
炖煮泽庵腌萝卜……80
精进炸蔬菜、虾仁炸什锦……82
五目寿司……84
别致鸡蛋烤豆腐……86
烤猪肉……88
醋渍油炸海鲜……90

浸汁带根鸭儿芹

用『浸』的传统烹饪法 达到凉拌沙拉不曾有过的舒心口感

即便出生于五谷不分的城市，也鲜有不知鸭儿芹为何物的人吧。而一旦被问及是否知道“带根鸭儿芹”，或许就会让人产生一丝犹疑。

带根鸭儿芹不是那种被切好之后平整码在塑料盒里，或者以海绵为基质培育而成的细秆品种，而是实实在在连根采摘的鸭儿芹。去除从泥土里被一并拔起的杂草，带根鸭儿芹保存了最大限度的香气，也有让人舒畅愉悦的口感，因此请一定要熟练掌握它的烹饪法。我之所以推荐，不仅仅因为它本身的美味，同时它也是能治愈春天常见的神经疲惫的一种植物。

接下来我要介绍“浸汁菜”的食用方法。原本的浸汁菜，是指根据喜好来调出美味的出汁（一种日式高汤），再把菜浸入调味出汁里一段时间，端上餐桌前把菜切断，轻轻挤掉浸泡汤汁后再淋上调味出汁，是一种完整品尝蔬菜本味的吃法。

把鲣鱼花和酱油加入用水焯过的菜里再食用，勉强也算是一种“浸汁菜”。但是在这个动作里，我并未看到有“浸”这道工序。只有遵照“浸”这个词语本身的意思去料理和享用绿色蔬菜，才能真正感受到有别于沙拉菜的舒心口感。

近年鲣节（即鲣鱼干）的品质不稳定，导致加了鲣鱼花和酱油的焯水蔬菜滋味索然，使人生不起举筷意愿。因此还是推荐大家用真正“浸”的方法来烹调和享用这道低热量、低盐并且富含 β 胡萝卜素的菜肴。

水煮蔬菜的分解处理工作，要属带根鸭儿芹最难。首先需要把根与茎切开分离。仔细观察鸭儿芹的茎，你会发现它是由三段不同质感的部分组合而成一根完整的茎。①口感美味纤细柔软的部分。②努力支撑起那段纤细柔软茎的叶鞘部分。③坚实的菜梗部分。适合用来烹制美味浸汁菜的是①。因为②表面有筋，因此适合切断后用作清汤的药味佐料[1]。而③充其量只能做成金平菜。已变成吸管状的部分则不推荐食用。

一定要避免过度加热。鸭儿芹的香味在咬上去的瞬间是否充溢口腔，全由焯水方式来决定。我每次总是站在锅前面，提醒自己“生的鸭儿芹也能吃”（因为一不小心就会焯过头）。焯鸭儿芹的时候，左手将茎拢成整齐的一把，右手握筷，把菜“哗”一下全部放入锅中，再用筷子“唰”一下捞起，放在预先备好的沥水竹筛上，马上淋上冰水。这是需要屏息操作的“焯水作业”。

●材料（5人份）

带根鸭儿芹……2把

调味出汁

- 头道出汁……1又1/2量杯[2]
- 清酒……1/4量杯
- 薄口酱油……2大勺[3]

盐

1 药味佐料：日本料理中一种类型的调味料，以辛辣或香味浓郁的材料（如姜、葱、柑橘类、山椒、山葵、白萝卜、芝麻等）为原料调配而成，同时起到除腥去味、增进食欲等作用。——译注（本书注释如无说明，均为译注）

2 日本的菜谱中，一量杯的标准计量为200立方厘米（毫升）。只有一种特殊情况，指代大米时，一量杯为180立方厘米。

3 日本的菜谱中，一大勺约为15毫升，一小勺约为5毫升。

一定要避免过度加热，提醒自己『生的鸭儿芹也能吃』。

●做法

将买来的带根鸭儿芹根部浸入水中。

①把清酒和薄口酱油加入出汁中，做成调味出汁后冷藏待用。

②在清洗带根鸭儿芹之前，先把根部切除，再按照前文所示，把茎分解处理。

③把锅中的水煮沸。在此期间清洗鸭儿芹，并备好沥水竹筛。

④往沸水中加入满满一小勺的盐，按正文所介绍的方法，把带根鸭儿芹分为 2—3 把分次焯水。

⑤将步骤④的鸭儿芹放入平盘中，把总量 2/3 的调味出汁浇在鸭儿芹上，放入冰箱冷藏。时间控制在半小时以内。

⑥端上餐桌之前将鸭儿芹切成约 1.5 厘米长的小段，轻轻挤掉汤汁，放入小钵中，淋上剩余的调味出汁。

●应用

备好酒蒸过的带皮鸡胸肉或带筋鸡胸肉，就能很轻松地做成醋物、沙拉和面包配菜。将鸡肉撕成细丝，与鸭儿芹混合，再加入三杯醋和芥末泥拌匀即可。

●附记

菠菜、小松菜和茼蒿等绿叶蔬菜，最基本的焯水法都要遵循将叶子和茎分解处理的原则。因为叶和茎的质地不同，叶子有叶子、茎也有茎的滋味和口感。

将叶子用来做成浸汁菜和炒菜。而茎的部分则更适合做成沙拉或者炖煮菜的绿色点缀食材。

炸什锦拌饭

源自『休息室吃的油炸物盖饭』用蛤蜊炸什锦轻松搅拌而成

“炸什锦拌饭”最初是由新派的花柳章太郎[1]想出的食用炸什锦盖饭的方法。据说花柳章太郎因表演时间紧凑，令人在休息室里将炸什锦捣碎后与米饭混合，为提高效率而自创了这种吃法。

他将之命名为“炸什锦拌饭”。

当然彼时人们捣碎后用以拌入米饭的炸什锦，与现如今把芝虾（周氏新对虾）、鲜贝和三叶草混合后油炸成圆球形状的炸什锦不可同日而语。

在那个时代里，芝虾和鲜贝都是难得一见的珍品。然而据说当时的人们也自有一套考究的方法。

贝类在春天正值当季好时节。用蛤蜊肉和葱做成满满一勺的“轻巧”炸什锦，米饭则配以“菜饭”。此时长到差不多12—13厘米的萝卜苗正好是用来制作菜饭的佳品。

我喜欢这样的组合，也相信会有同好。

大量带有微微辛辣口感的萝卜泥里，加入柑橘果醋的香味，再淋上少许的酱油。炸什锦里的蛤蜊本身含有盐分，而搭配的菜饭又有些许的咸味。我认为达到微咸的程度基本就可以享用了。

比起采用咸甜的调味手法，微咸的程度反而能使口感更清爽，在营养的调配方面也更胜一筹。佐以裙带菜与土当归的醋渍小菜则风味顿生。

作为炸什锦原材料之一的蛤蜊，因去壳蛤蜊肉的价格较高，可以将带壳蛤蜊酒蒸过后再剔肉使用。通过酒蒸对贝类进行预处理的方法，同样适用于蚬子和文蛤。

首先把粗盐撒在贝类表面，捞起贝类互相搓洗清洁。漂洗干净后浸在接近海水浓度的盐水里半天以上，使贝类充分吐清体内的沙子和杂质。再次撒上粗盐，捞起贝类互相搓洗。根据需要，可以洒上柠檬汁以去除贝类的异味。

将洗净的贝类平铺在锅底，淋上清酒进行酒蒸。如果需要用其烹制炸什锦拌饭，酒蒸前的步骤可以提前一日完成。

烹煮菜饭的绿色蔬菜选用萝卜苗最佳。如果无法买到萝卜苗，可以选择一般的白萝卜叶子靠近芯的鲜嫩部分替代。使用小芜菁的叶子或小松菜也是不错的选择。

●材料（5人份）

【炸什锦】

｛蛤蜊（带壳）……90个
｛清酒……1/4量杯

大葱……200g

小麦粉……适量

冰水……适量

油炸用油……适量

｛白萝卜泥 1人份、满满2大勺
｛柑橘果醋……1又1/2大勺

盐、酱油

【菜饭】

米……3量杯

萝卜苗叶子（焯水后切碎）……1/2量杯

盐

1 花柳章太郎：活跃于20世纪40年代的新派女装扮相著名演员。日本艺术院会员，文化杰出贡献者，并被日本尊称为“人间国宝”。

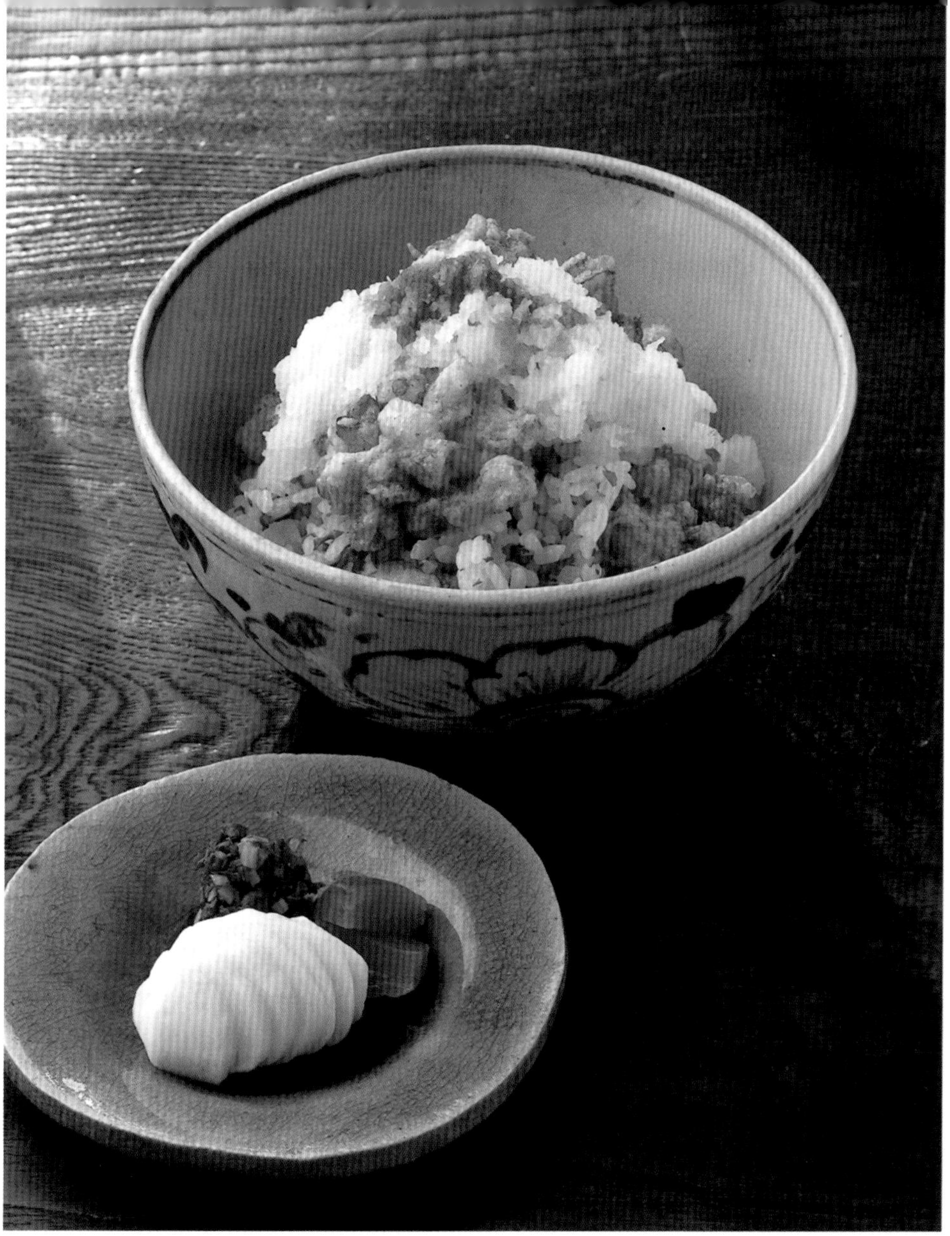

贝类撒上粗盐，用力搓洗。
热腾腾的米饭里加入绿色蔬菜直接混合。

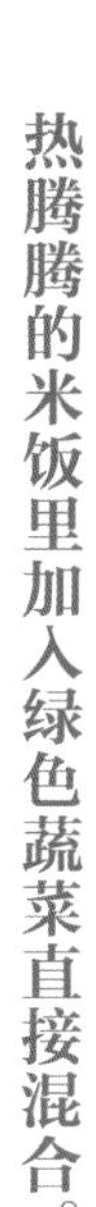

●做法

【炸什锦】

①将酒蒸后的蛤蜊用调羹剔出蛤蜊肉。

②大葱切成约7毫米的小段葱花。撒上少许小麦粉以防止蛤蜊肉入油锅时油花飞溅，与葱花一起倒入深盆中。

③把鸡蛋打入步骤②的深盆中，将材料混合。加入小麦粉后粗粗混合。如果较干，可补充适量冰水（凉水）。

④取步骤③的材料满满一大勺，放入预热到约170℃的油中炸熟。

【菜饭】

①把萝卜苗叶子放入加了少许盐的沸水中，稍加焯水后取出，放入冰水（凉水）中冷却。

②将冷却的萝卜苗叶切碎。撒上2/3小勺的盐，整体拌匀，充分挤干水分。

③把拌好的萝卜苗叶放入刚煮好的热腾腾的米饭里，用木饭勺粗粗地加以切拌混合。

●装盘

炸什锦以一人份约5个为标准来分配。

用筷子将一个完整的炸什锦三等分，放到盛了半碗米饭的碗里。

继续盛入米饭，放上2个完整形状的炸什锦。

将挤掉了多余水分、浇入柑橘果醋的萝卜泥装点在炸什锦拌饭上，最后淋入酱油。

炒煮裙带菜小杂鱼

日本的春天是海藻的季节
烹饪的诀窍在『泡发』之中

全世界海藻的种类约有一万多种，而在日本近海区域就有约一千种的海藻。我们日常食用的藻类有昆布、海苔类、石花菜、羊栖菜、海蕴和裙带菜等。日本几乎可以被称作食藻民族，日本人对食用海藻的热衷程度也是绝无仅有的。

日本的春天也是海藻的季节。初春，海藻在波浪间不停摇曳沉浮。煮裙带菜时烟囱里冒出的烟，与晾晒裙带菜的劳动者们的身姿，是春日里舒缓心绪的一道独特风景。

我接下来要介绍海藻中较为容易入手的裙带菜的处理和食用方法。裙带菜分为春天出产的新鲜裙带菜、全年可食用的干裙带菜、灰裙带菜[1]和盐渍裙带菜。

近年，随着海水日渐遭受污染，海藻的品质也发生了变化。因此食用海藻第一要掌握海藻出产地的知识，第二则是需要仔细地进行预处理，也就是"泡发"。概括来说就是假使仍然按照之前的方法，海藻会在短时间内泡得柔软过头，甚至都不能拿来制作醋物。

清洗方法、泡发用水量以及泡发的时间，每次都要确认调整。在处理步骤上不加以斟酌留意，则无法做出美味的裙带菜。

裙带菜的食用方法大体分为两种。一种是将干裙带菜直接放在火上稍加炙烤而成。通常会把炙烤过的裙带菜揉碎后制成拌饭素。另外一种方法便是"泡发"。泡发后的裙带菜用来作为汤汁或煮饭的配料。除此以外还可以做成醋物，或者用来炒菜、做成凉菜和汤品等食用。

下面我将要介绍如何来预处理最普通的裙带菜。首先将裙带菜稍加冲洗，用最少量的水浸泡。通常我会用计时器设定 5 分钟的时间，观察这五分钟里的泡发状态来推测之后浸泡需要的时间。观察泡发状态时，最重要的是看裙带菜的弹性。时间掐准，接下来只要设定相应的时间就可以了。

裙带菜的口味由切法来决定。将裙带菜切成约 2 厘米的方块状是恰到好处的尺寸。

首先将泡发好的裙带菜摊开放在砧板上，把带茎的一侧面向自己。沿着茎的走向入刀，把茎切除。从裙带菜头上开始切成同等尺寸的条状，用手拢成一束后再切成同等长度的方块状。这样就能够确保切出的裙带菜保持同等大小。

这样写出来似乎太过郑重其事，其实裙带菜是最不需要花时间，且无论做成什么菜式都有好口感的食材。掌握前述的处理方法，除了烹煮日常的味噌汤和醋物变得轻而易举，也能够制作日本柚子[2]醋味噌拌菜等用来招待客人的料理。用上述方法将裙带菜一次性处理好，分成小份冷冻起来，随时可用于各种不同的料理之中。

1 灰裙带菜：在新鲜裙带菜上撒上草木灰，晒干并保留表面灰的海藻干制品。相比直接晒干处理的裙带菜，颜色更鲜绿，口感也更好。

2 日本柚子：我们称为香橙，或称罗汉橙（学名：citrus junos）。原产自我国长江流域，在奈良时代经朝鲜半岛传入日本。是柑橘类的一种。

裙带菜切成同等大小的块状，
与小杂鱼和生姜炒出香味。

●材料（5人份）
裙带菜（泡发后预处理完成）
……………………………………3量杯
小杂鱼………………………1/2量杯
老姜…………………（拇指大）1块
橄榄油（优质）……………2大勺
清酒、酱油

●做法

①裙带菜泡发后切成小块。

②锅中倒入橄榄油，用小火炒香姜末。加入小杂鱼，继续炒到腥味消失。

③把裙带菜加入步骤②的锅中继续煸炒。感觉油不够可以补足，将裙带菜充分炒熟。淋入4大勺清酒之后充分混合，为增添风味，加入2小勺酱油混合入味。

●应用

将裙带菜用香味油煸炒来缓和海藻自带腥味的方法，可以活用于各种不同料理。

给油增添风味的香辛料有生姜、大蒜和红辣椒等。根据使用目的不同，可以将香辛料单品使用或者组合使用。

比如要烹煮一道添加裙带菜的蛤蜊或者牡蛎汤，可以把在大蒜和红辣椒的香味油里煸炒过的裙带菜加入汤中，再加点白发葱丝（切成细丝的大葱葱白）来提味。

至于其他的菜式，凉菜之类则无须赘述。裙带菜在口感上也很容易与沙拉里的蔬菜类相匹配，也可以当作便当副菜或者下酒菜来享用。

嫩菜寿司

『坐着烹饪』的传承之味 添上春天野外的香气

人们总说，国家或地方特色料理，与此地的风土、产物和在此生活的人的资质密不可分，相辅相成。而我认为其中尚有一个被遗漏的条件，那便是与建筑形态的关联。

与日本饮食文化紧密相连的烹饪作业，包括细致的刀工、研磨料理、炒菜以及炙烤菜品等。各家的女眷们坐在厨房里以不输于专业人士的灵巧手艺，日复一日做着这些工作，代代培育和传承属于日本的味道。

虽然并不清楚为何我们的祖先要以“坐”这个随意的形式来完成日常起居里的大部分事情。但“坐”这个形式的确对居住环境乃至厨房都产生了影响。力气活儿自然不必去说，连收尾工作都是坐着完成的。

围炉旁边不仅是简朴生活中进食的地方，烹煮等绝大部分的工作也是围绕在炉子旁进行。

一般正常生活的家庭，起居空间是由土间、板间和榻榻米间[1]组成的三段式构造。人们通常会坐在薄薄的垫子上，在板间进行揉捏、刀切和研磨的工作，据我自己的亲身体验，这也是最省力的方法。

被尊称为“世纪厨师”的乔尔·卢布松[2]说：“日本菜之所以味道温柔，是因为通过女人之手培育而来。”接下来我要介绍一道混合寿司，它同样是女人坐在厨房里创造出来的味道。

曾经女人们坐在厨房里轻松完成的工作，放到了现代只可站立的厨房里，人手又不够，到底该怎样做才好？这是传统料理最让人无奈的地方。话虽如此，我们现代人大可依赖便利的炉灶和冷藏冷冻技术。根据自己的烹饪水平、体力以及时间来调整，选择适合自己的方法，我认为完全能够以此再现曾经的滋味。烹饪的方法用一句话概括就是：洞察整体的工作内容，将能力、时间和成本进行调配组合，确立合理推进工作的计划。

此处不再单独举例赘述嫩菜寿司的每一道步骤。放置一晚更入味的竹笋、香菇和蜂斗菜最好提前一日做好。蛋皮也提前一日煎好比较安心。放入鲷鱼的醋饭和其他食物的准备工作等到制作当天再着手，趁着煮米饭的那段时间一口气完成。

嫩菜寿司是典型的春日代表寿司。把当季的鲷鱼作为米饭的底味，加入山野的味道、嚼劲和香气，做成这道口感清爽的寿司拌饭。

●材料（5人份）

醋饭

- A
  - 米……5量杯
  - 水……5又1/2量杯
  - 昆布…（5cm方块状）3块
  - 清酒……1/4量杯
- 混合醋
  - 米醋……2/3量杯
  - 盐……1小勺
  - 砂糖……2大勺

鲷鱼切片（尽量选择野生品种）……600g

水煮竹笋（切成小块）……1又1/2量杯

- 煮汁B
  - 水……1/2量杯
  - 清酒、味醂…各2大勺
  - 薄口酱油……1大勺
  - 盐……少许

锦丝蛋皮……3个鸡蛋份

新鲜香菇（薄片）……7片份

- 煮汁C
  - 少许水
  - 清酒……1又1/2大勺
  - 砂糖……3大勺
  - 盐……1/2小勺
  - 薄口酱油…满满1大勺

蜂斗菜……3根

1　土间、板间和榻榻米间：日本一般的传统家庭里，有不铺地板的土间和铺了木板的板间和榻榻米间。

2　乔尔·卢布松（Joël Robuchon，1945—2018）：法国厨师、“L'Atelier de Joël Robuchon”餐厅创办人。“高尔米佑美食指南”曾于1989年称他为“世纪主厨”（Chef of the Century）。

竹笋和香菇提前一日做好。

煮汁 D	清酒	2 大勺
	薄口酱油	1 大勺
	味醂	3 大勺
	盐	1 小勺
荷兰豆（煮熟）		1 量杯
带根鸭儿芹		1 把
山椒叶		1/4 量杯

●盐、清酒、柠檬汁

●做法

①鲷鱼撒盐腌渍约 2 小时。淋上数滴柠檬汁去腥，刷上清酒烤熟后撕成条待用。

②将竹笋和香菇分别用煮汁 B 和 C 煮熟后冷藏。

③往蜂斗菜的表面撒上盐后放在砧板上滚动入味，水煮之后放入冰水中冷却剥皮。纵向分成 2—4 等分后切成长约 1.5 厘米的小段。用煮汁 D 稍煮后冷藏。

④用调料 A 烹煮米饭。

⑤将煮熟的米饭倒入寿司桶里。把步骤①的鱼条放入混合醋中，并和米饭一起混合。

⑥把步骤⑤的醋饭在寿司桶里摊开，加入在室温下回温的②和③，并将山椒叶、切碎的荷兰豆和带根鸭儿芹均匀撒在醋饭上，切拌混合。最后撒上锦丝蛋皮。

步骤②、③和锦丝蛋皮提前一晚做好待用。

佃煮[1]笋丝、嫩笋汤

不可思议的幼芽带来烹煮过程中的心动感觉

寂然枯槁的冬日山林里，若有似无的风轻轻吹动着竹子，像在合着节拍器的调子般沙沙作响，时间也随之悄悄流逝。沉迷于竹子摇曳生姿的美态里，我心里不由得产生强烈的疑问：竹子到底应不应该归属于“木本植物”？

后来我才知道，研究竹子最出名的学者曾经留下过“竹子既不属于木本植物也不属于草本植物，竹子就是竹子”这样的名言。

而“竹笋”就是这种不可思议的植物的幼芽。

竹笋虽说被称为是幼芽，但实际上分量十足且形状有趣，在野生植物里也实属一种稀有的存在。对料理竹笋的人来说，烹煮过程也频频叫人动心。

米糠伴随着竹笋那独特香味混合蒸腾出的热气；在沉甸甸的笋体上切断每一节带来的愉快和紧张感；制作寿司时脑中浮现出的熟悉的脸庞；还有鱿鱼拌山椒叶，如同羽毛和绢丝般轻盈柔滑的白汁和热腾腾的焗烤菜，加入西班牙海鲜饭里也同样美味。

提起竹笋，话题总能源源不断。接下来我要着重介绍的是如何换一种思路，把乍看之下小里小气的做法，变成一种因爱惜而物尽其用的方式。

首先是“嫩笋汤”。通常人们会把笋尖的三角锥形部分切块后再烹调，我家的料理方法则是把连着笋壳的嫩皮部分仔细剔下切细，连同裙带菜一起稍加煮制成为一道汤汁菜。比起满满地盛入大木碗里享用，使出汁略微没过食材，让人不由自主还想再要一些的程度更能激发食欲。最后不要忘记添上山椒叶。

而“佃煮笋丝”这道菜是我从一位喜爱料理的朋友处习得。竹笋接近根部的地方涩味较少，对年轻人而言咔呲咔呲的嚼劲固然是一种乐趣，但其实并不利于消化。通过做成佃煮，巧妙地既保留了爽脆口感又增添了风味。

为了尽可能地使用竹笋坚硬的部分，需要将其切成细丝，加入清酒、薄口酱油（也可使用白酱油[2]），不必调制成如同佃煮菜那样浓重的颜色，而是淋入酱油为竹笋染上浅浅的象牙白色，充分煮熟后迅速摊开凉凉，撒入山椒叶碎末搅拌混合即可。佃煮不但可以放入赏花时享用的缘高[3]（便当盒）内，装点出优雅的感觉，也能够直接包入竹皮[4]内随身携带，各种用途吃法都令人欢喜。

根部切成细丝后不仅可以用来制作佃煮菜，笋丝与米饭的配合度之高，可以做出口感高雅的竹笋饭和寿司。使用押花模具（木质）压成花型更便利，因为通常把竹笋用来做成米饭之类的食物时，很多人会因为如何统一米饭里竹笋的尺寸而苦恼。

在此我想提一个画蛇添足的问题：你真的了解竹笋美味之处在哪个部位吗？三角锥形顶部主要以柔软取胜，而顶部下面那段其实才是美味的关键。

1　佃煮：用酱油和糖等调味料烹煮出咸甜口味的小菜的总称。
2　白酱油：以小麦粉为主要原料制作出的酱油，成品呈现琥珀色。
3　缘高：一种方形切角容器，通常用来盛放和果子以及料理。
4　竹皮：此处是指将竹子皮干燥处理后的用来包装食物的天然材料，具有很好的抗菌能力和保湿性。

以竹笋的嫩皮和根部为原料烹调，最后用山椒叶点缀。

●材料（5 人份）

【嫩笋汤】

新鲜裙带菜	1/2 量杯
竹笋嫩皮	浅浅 1/2 量杯
头道出汁	5 量杯
薄口酱油	适量
盐	少许
山椒叶	适量

【佃煮笋丝】

竹笋（切成细丝）	2 量杯
清酒、水	各 1/4 量杯
薄口酱油	1 大勺
山椒叶碎末	满满 1 大勺

●做法

【嫩笋汤】

①将水煮竹笋连着外壳的嫩皮部分切成约 3 毫米的细丝。

②把裙带菜切成约 1.5 厘米的方块状。

③用少量的出汁把薄口酱油稀释后稍加调味，把切好的竹笋和裙带菜分别放入不同的锅中，在调味出汁中稍加烹煮。

④往剩余的出汁内放入少许的盐来调味，上桌之前把步骤③的竹笋和裙带菜倒入出汁中加热，盛入碗里，点缀上山椒叶。

【佃煮笋丝】

①将剥壳后的水煮笋整个放在砧板上，从根部开始将竹笋切成薄片。如果一开始就将根部切下再切成薄片，会需要双倍的劳力。

②把切好的竹笋薄片再切成细丝。

③倒入清酒和水，加入薄口酱油，盖上锅盖充分烹煮。接下来拿掉锅盖，待收干水分后如正文所述点缀装盘。

厚鸡蛋烧

美味的香气和光泽与厨房里母亲忙碌的身姿浑然一体

日本以料理为业的人所创造出的带有个人风格、对后世产生影响的料理及烹饪法，其实竟非常少。我的一位专业厨师朋友也表示大约只有三到四种。

我的母亲滨子并不喜欢料理研究家这个称谓，她一直坚称“我是主妇”，并留下了接近八百种的料理记录。从她第一本书至今，已过去整整三十五年。无论时代如何变迁，为了能让更多人在家中体会料理真正的美味，母亲当初实践与保留至今的方法，只要有机会我都想要尽力传达出去。

时下即将迎来端午节。我将介绍一道不管是与红豆饭、还是与用山栀子花染成姜黄色并加了黑豆的糯米饭都非常般配的厚鸡蛋烧。我从十岁开始就把它叫作“心脏烧”，这是一道孩子们非常喜欢吃的菜。

制作家庭料理的整个过程恰好是一个表达爱的理想载体。当时的鸡蛋属于稀缺高价物品，能在正月里有伊达卷[1]的出现，孩子们吃起来更是百般珍惜。这样的情形被母亲默默地记在心上。

记得某年的除夕夜，我被母亲叫到厨房，让我手拿一只布制小袋并把袋口撑大，随后她将事先做好的、粘连在一起、呈现褶皱状的炒鸡蛋不停地舀入袋中。

“要拿这个做什么？”“做厚鸡蛋烧哦。”

母亲认真的表情伴随着我讶异的眼神。袋子里装了差不多一小铁锅的炒鸡蛋时，母亲用绳子把袋口扎紧，袋子就变成了类似小小的橄榄球形状。

母亲把袋子放入锅中，从袋内开始呲啦呲啦地渗出汤汁。她怀揣着对自己推断的不确定和无法重来一次的紧迫感，将渗出的汤汁复浇在整个袋子上，涵盖其边边角角，之后把袋子移到锅沿挤压整形。

汤汁在烹煮的过程中渐渐产生光泽，美味的香气也开始飘散，袋中的球状体已完全凝固。“可以了。”母亲用两把铲子迅速将袋子翻了个面。翻面后仍有少许汤汁渗出，但也差不多马上可以收干。再淋入少量油煎一下，静置片刻后，万分期待地用剪刀将袋子剪开。

眼前出现的是厚度大约六七厘米的正宗厚鸡蛋烧。“妈妈，太厉害了，是心脏烧啊。”这个当时打动母亲心扉的词语，就直接变成了这道菜的名字。

虽然没有问过母亲为何要使用袋子，我猜想或许是母亲一开始没有信心把鸡蛋烧做成那么大的尺寸吧。这样借助袋子做鸡蛋烧的方式持续了约两年后，母亲终于可以确信不再需要袋子了。这件事发生在母亲三十五岁之前。

●材料（5 人份）
鸡蛋（单个 50g 以上）……10 个
出汁（较浓的头道出汁）……1—1 又 1/2 量杯
盐……1/3 小勺
清酒……1/2 量杯
砂糖……满满 5 大勺
酱油……3 大勺
芝麻油 + 色拉油…总计 3 大勺
白萝卜泥、酱油……各适量
●色拉油（煎鸡蛋用）

1　伊达卷：用鱼蓉或虾蓉与鸡蛋液和出汁混合，加入味醂与砂糖等调味后煎出鸡蛋烧，趁热用料理用卷帘卷起来整理成型的料理。是正月年节菜不可缺少的一品。

静静凝固成半月形的鸡蛋烧，
反复浇上渗出的出汁使之被吸收。

●做法

①括弧内的出汁和调味料充分搅拌均匀，倒入敲开打散的鸡蛋液中。

②将锅壁较厚的锅子用中火加热，倒入 3 大勺色拉油，晃动锅身使油覆盖整个锅子。

③把步骤①的混合汁液一次全部倒入步骤②的锅中，约 1 分钟后，拿木铲轻轻刮起锅底的鸡蛋液从靠近自己的一侧推向锅的另一侧。因受热而凝固的鸡蛋慢慢呈现褶皱状。手不要停，继续沿着锅底轻推蛋液。待蛋液八分凝固时，将成块的鸡蛋烧推到锅沿并按压，整个鸡蛋烧凝固后整理成半月形贴在锅的一侧。这样之前加入鸡蛋液中的出汁慢慢地渗出。转成小火慢煮，将渗出的出汁不停舀起浇在鸡蛋烧上。这道鸡蛋烧的风味便由此开始产生。

待出汁收干时，贴在锅壁一侧的鸡蛋烧表面产生焦黄色的光泽，这时需要把鸡蛋烧翻面。如果翻面后仍有出汁渗出，重复之前同样的做法，就能做出具有美味光泽的鸡蛋烧。

④将煎好的鸡蛋烧盛入充分预热过的大盘里，根据在座食客的人数切分成小块，它便成了宴会的一道助兴佳肴。与淋了少许酱油的白萝卜泥一起享用。

油炸土豆仔

充分浸入油中 炸出酥脆的外皮和松软的内里

与新鲜卷心菜、新鲜洋葱以及新鲜胡萝卜一样，被冠上了“新鲜”这一字眼的新鲜土豆，能让人感受到一股透着光的水灵。

调动新鲜食物的质感，可以烹调出蒸煮卷心菜、胡萝卜细丝沙拉、放入整只洋葱烹煮的汤以及油炸整只土豆仔等这些当季的独特料理。

前面的三道菜依赖于材料本身的新鲜度。第四道油炸土豆仔，反过来利用其水分含量高又没什么长处的特点，通过将它整只油炸，使多余的水分蒸发，外皮酥脆而内里松软。用少许的盐和胡椒来调味增香。

这是一道把除了作为牛饲料以外别无他用的东西，一跃变身成为非以它为原料不可的料理。

三十多岁正是女人操持家庭最辛苦的时期，理所当然就把“是否有必要”来当成衡量一切的基础，所以母亲在日常生活的经验里，整理出了灵活多变又必不可缺的料理方法。

现如今土豆仔被正儿八经地当作成一种商品，但在过去的农民和菜市场眼中，它都是属于不值钱而拿来随便送人的东西。虽说可以把它蒸煮食用，滋味寡淡无趣却是硬伤。把它炸一下会怎样？表皮可以防止油分进入，油的风味可否弥补它的先天不足？母亲当时应该是出于这样的考虑才创造出了这种烹调法。

记得第一次看到母亲做这道菜时，土豆占据了整个中华炒锅的七分满，并且盖着一个木制大锅盖。我心想母亲到底用中华炒锅在煮什么呢。而我确实也猜对了“正在煮”这个步骤。母亲似乎考虑过如果将3厘米大小的土豆仔直接拿来大火油炸的话，里面还未熟透外皮就会变焦黑，所以一开始用中火先“煮”。在煮的过程中油的温度不断上升，自然而然就会呈现大火“油炸”过的效果。对于我的提问，母亲回答“我想用油来煮”，于是就顺便用上了锅盖。

就一般的常识而言，油炸食物应该不需要用到锅盖。但是通过盖上锅盖这个动作，加快了锅中土豆仔变熟的速度。母亲没有专门学过料理，她是结合自己的经验，通过分析整理，对工作进行了各种改良。

在我家餐桌上常常出现这道油炸土豆仔的时候，“蜜汁炸红薯”刚刚初展新颜，并得到了世人如潮的好评。母亲似乎怕势头被超越，没多久就又端出一道新菜式说：“来，这是 sweet potato 哦！”这道菜跟蜜汁炸红薯不同，它是把红薯整只油炸过后切成圆片，切面撒上砂糖并放上了切成小块的黄油。红薯也可以整只油炸，这便是母亲的创意。

●材料（5人份）

土豆仔……1kg

盐、研磨胡椒……各适量

油炸用油……适量

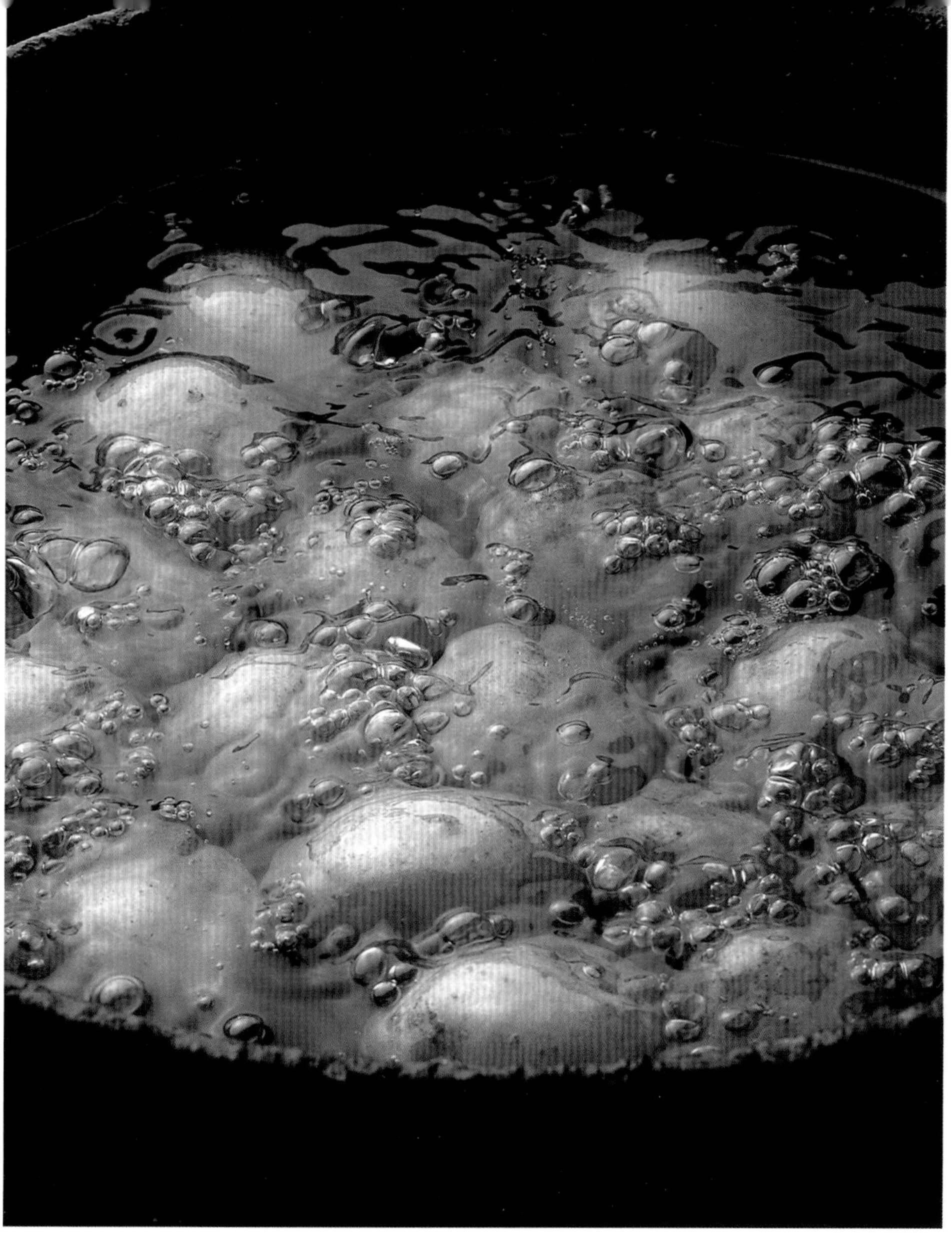

放在油里炖煮的感觉，盖上锅盖慢慢油炸。

●做法

①把土豆仔在水中浸泡一段时间，用刷子将表皮刷洗干净。不需要去皮。

②开中火将油炸用油慢慢加热到中温的程度。把已经擦干了表面水分的新鲜土豆全部倒入锅中。盖上锅盖，保持中火，慢慢油炸15—20分钟。

土豆变熟后表皮也会转为看起来很美味的颜色。从锅中取出一个土豆用竹签如能轻松刺穿，则说明已熟透。

③将沥掉多余油分的土豆放在吸油纸上，撒上盐和胡椒，晃动吸油纸。这样可以吸取多余的油分，使盐和胡椒更入味。

④将步骤③的土豆放在预热好的盘子里。因为土豆容易出水，所以要趁热端上桌享用。

●应用

往油炸土豆仔上面撒上帕马森干酪碎，味道更上一层。与啤酒是绝妙的搭配。

●附记

这道油炸土豆，不仅可以配饭，也可以拿来给孩子当点心。在西班牙有一种把香肠和果酱等夹入面包里，名叫“merienda”的午后点心。到访西班牙的时候，我没有看到拿着市售零食包装袋的孩子。孩子就应该用吃了以后能长力气的食物来养育。希望大人们能亲手为孩子制作点心。

春日沙拉

大地复苏万物萌动的时节 尽享青翠之物的清爽感

装在小钵里的日本小菜，一定会展现季节性。日本人也喜欢在色拉里寻求同样的季节感。

日本的春天，草木发芽，也有助于人体的代谢。

野生鸭儿芹、芹菜、蒲公英、繁缕、艾草、蜂斗菜、土当归、冬菜（开春后各种抽茎开花的菜的总称）、甘草芽、五加、蕨菜、预知子芽、楤木芽，这些都是富含香味与野趣的野菜。颠覆日本的传统认知，将这些野菜做成沙拉，就能够享受到独特的日本风味沙拉。需先提醒的是，该水煮的就水煮，浮沫该撇去的也不能马虎。再者，最好不要过度食用这些山野之物。野菜做的沙拉，以享受野趣为主。

制作美味沙拉有一个诀窍，先将野菜用油稍加拌过，使得野菜表面被薄薄的油层覆盖。之后用调味料来拌菜时，醋就不会浸透野菜内部，得到令人满意的口感。醋之于沙拉的价值纯粹是添香，而非徒增酸味。这在使用红葡萄酒醋时需要格外注意。

此方法适用于制作六人份以内的沙拉。如果超出这个分量，在轻轻用油拌过之后，加入综合调味汁则口味更佳。

把一片柠檬或者柑橘类水果的果汁挤入纯酿造米醋中，米醋本身的呛人气味就会消失，让人闻起来心旷神怡。

油的品质是否优秀，只要用舌头舔一下生油就能分辨出来。有了美味的原材料，当然做出好东西的概率就高。

选择沙拉用油和油炸用油时，应该挑选不同的种类。直接食用的生油，必须是优质的。

我不太喜欢精制食盐。产自冲绳县的盐，我认为要优于法国布列塔尼地区盖朗德盐场出产的盐，甚至可以问鼎桂冠。将从海里汲取的海水，通过用竹子过滤的方法，吸收了大海与山林的精华，是盐中的极品。如果沙拉中要加入胡椒，只需少许即可。

最后添入葱之类来增加香气。沙拉虽说是一种西洋菜式，也不用固守成规认为一定要放洋葱。我之前还亲自栽培过洋葱，后来发现其实只要根据需求用上切碎的日本葱，味道不仅好，也避免了在一些不必要浪费的地方穷讲究。普通日本产的葱都可以，其中细香葱和小香葱可以直接使用，而分葱则需要在热水中烫过，它与芥末酱搭配起来的口感很好。

沙拉的角色，是让一餐平添清爽感，家庭料理中，主菜和沙拉的搭配也是自然不过。如果要制作前菜，切成细丝的新鲜胡萝卜、土当归和荷兰豆，还有菜花等（只要淋上橄榄油就很美味）最为合适。在进食的后半段过程中，端出野菜为主材料制作的沙拉，是郑重而令人愉悦的餐桌待客之道。

先用油迅速搅拌混合，
撒上盐和醋使得香味更富有层次。

【以蔬菜为主材料的沙拉】（图片上方）

●材料和做法

①将喜欢的蔬菜按照进食人数备好相应的分量。放入水中使蔬菜恢复水灵后，取出切成一口大小。用布巾包好摇晃控干水分。再次用布包好放入冰箱冷藏，装盘之前再取出。

②把步骤①的蔬菜装入沙拉碗中，按照正文所述用盐和醋拌匀。

【水芹拌鲜香菇沙拉】（图片下方）

●材料

水芹、鲜香菇、罗克福奶酪、葱、大蒜、白葡萄酒、调味料

●做法

①鲜香菇水洗后挤干水分，切成薄片。

大蒜用橄榄油炒香，放入香菇片煸炒，倒入白葡萄酒，使油分与清酒溶为一体，取出香菇，将锅中的汤汁煮开后作为底料来混合蔬菜，并制作综合调味汁。

②将撕开的水芹、炒好的香菇、切碎的罗克福奶酪和葱放入步骤①的底料中混合。

* 综合调味汁的基本做法

准备以下调味料：油（3/4 量杯）、米醋（1/4 量杯）、优质盐（一小勺）、研磨好的洋葱泥大半勺或切碎的葱一大勺、黄芥末泥 1/3—1/2 小勺、胡椒少许、柠檬汁一小勺。将除了油和柠檬汁以外的调味料放入深盆中，搅拌均匀。把油一点点倒入盆中，充分搅拌。最后加入柠檬汁。可以选用橄榄油等。

白玉团子

滑溜爽口 加入野草便成炖菜

“白玉”是中间部分呈酒窝状的小团子。不管是在口里时还是吞咽时都让人感觉滑溜爽口，于是每年暮春至盛夏的时节，都会让人不由得惦念起来。

曾经听年轻人说，“中学里烹饪练习的时候，最开始学习的就是白玉团子”。白玉团子基本上怎么煮都不会失败，学校将这道点心编排入课程实属明智之举。

上乘的白玉粉是用硬水反复浸泡糯米放置两年后再研磨而成。

在美食节目的解说中，通常只会说和面。其实准确来说，各种混合米粉的作业，都应该用“揉面”来表达。“揉”与“和”这个动作虽有类似的部分，但料理食物的过程，只有用合适的动词和副词才能精准体现。揉就是其中一个词。

揉的动作，动用了拇指根部到手掌里肉最厚的肌肉部分，将有黏性的粉类用力不断从身侧往前推动而形成面团。同时也是一种适合制作陶土的手法。揉的动作是白玉团子产生弹性的基础。光滑、爽口，咬上去又有弹力，这样的口感着实令人动容。

中央的酒窝（凹陷处），绝非是“为了表达对雪白团子的敬意”而顺便为之。将扯下的白玉粉面团用手掌搓圆的过程中，上下手掌反向地用力搓动，使得面团黏合效果倍增，但是搓成的团子两端会出现类似陀螺尖一样的凸起物。这样的团子显然并不美观，需要用食指轻轻将凸起部分按下去，便形成了酒窝。

白玉团子虽然连中学生都能做，追溯其根源却也非常深奥。看似简单的工序，若能按“揉面、反向整型”细致地教给学生，想必这样有根可循的授课方式，于他们的人生，都是一份宝藏。

白玉团子不仅仅可用来制作甜品，把它当成面筋，可以用来制作炖煮菜和治部煮[1]等菜肴。特别是以白味噌为原料烹煮的汤汁菜，饱含绿意的白玉团子（图片下方）拥有着别致的风味，也比较经济实惠。

春假期间正是摘野草的季节。和孩子们一起，花时间从各种野菜里耐心分辨和摘取繁缕、艾草和马兰头吧。孩子们通过与大自然的亲密接触，应该能察觉到与平日沉迷电玩时不同的心境。即便说着“我讨厌摘草”，从厌烦的情绪里也能看到自身良好的状态。

无法接触到野草的朋友，也可以用焯过水的茼蒿来代替。

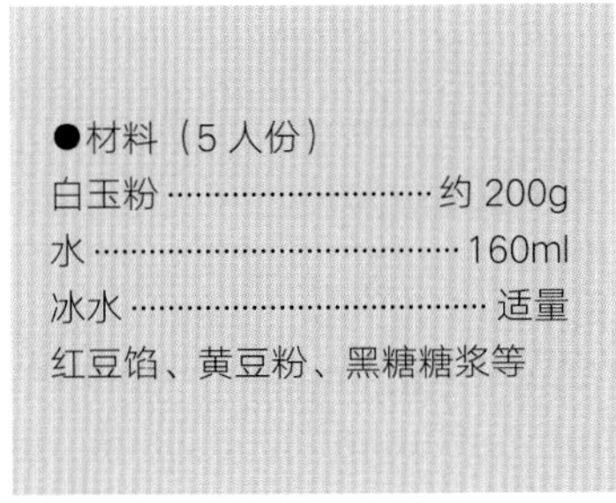

●材料（5 人份）
白玉粉……约 200g
水……160ml
冰水……适量
红豆馅、黄豆粉、黑糖糖浆等

1 治部煮：日本石川县金泽市具有代表性的地方料理。在鸭肉（或鸡肉）表面裹上一层小麦粉，放入用出汁和酱油、砂糖、味醂以及清酒混合的汤汁里煮出的料理。

用手掌揉成有劲道的面团后，
反向揉搓成丸子状再按上酒窝。

●做法

①如正文所述，把水加入白玉粉后开始揉面。在揉面的过程中，面团会渐渐产生光泽。揉到面团彻底光滑为止。

②将步骤①揉好的面团整理成棒状，分成差不多分量的小块，按照正文所述搓成圆形后按上酒窝。

③把步骤②的团子放入足量的热水中。观察团子浮起水面时继续再煮 2—3 分钟。热水的温度控制在轻轻沸腾的程度。

④团子的降温方法也很重要。把步骤③的团子倒入冰水中。这样在确保表面仍带有光泽的同时，也可以使团子内部产生弹性。

⑤装盘时可以淋上黑糖糖浆或撒上黄豆粉，也可以添上红豆馅。如果只撒入黄豆粉，可以往黄豆粉中加入极少量的盐，再与砂糖混合。

* 关于白玉粉和水的比例

因为白玉粉的干燥程度不同，粉和水的比例完全按照一般分量来计算的方法行不通。此时就要用到一个调整诀窍。

用清洁的布盖在已成团的白玉粉面团上，用手掌从上方拍打，让布来吸收掉多余的水分后，再揉面，就能调整软硬度。

* 白玉团子中加入茼蒿

将茼蒿叶子焯水后挤干水分，切成碎末与白玉粉混合。这样的情况下就需要减少水的比例。

蛋黄酱浇汁青豆鸡肉茸

略微讲究的小钵菜 源于完备的预处理

所有佳肴，都诞生自完备的预处理。不习惯做菜的人，可能并未意识到做菜这件事，其实是将各种合适的预处理组合而成的整体。若能把做菜分成预处理和润饰两个部分，就不会被做菜的烦琐步步紧逼，做菜水平应该也会慢慢上升。

接下来要介绍这道略微讲究的小钵菜，是在煮过的青豆旁添上鸡肉茸，再包裹上口感柔和的蛋黄酱，让人不由自主地想要往嘴里送。这道充满魅力的小菜，是培养区分预处理和润饰完工能力的绝佳选择。它基于两种不同的预处理做成。

第一个预处理是煮豆子，第二个是把豆子煮出微咸口感，并制作鸡肉茸。而润饰完工，是将预处理过的材料加热，把搅打而成的蛋黄酱趁热浇在上面来装盘。

在煮豆子之前，首先要提一下“煮”的三原则：①焯水（放入热水中煮）；②为了下一步烹饪做准备而煮；③为了直接享用而煮。焯水的步骤，大部分人不太在意，为达到某种目的而能够采用不同方法的人则更少。

煮豆子亦有三原则：①为了直接享用而煮；②为了下一步烹饪做准备而煮；③以保留豆子本身颜色为主而煮。

这道菜采用了第②种煮法。首先将去壳的豆子提前在水中浸泡约一小时。锅中的水沸腾后，加入冷水使温度下降到七八十度，把少许盐和豆子倒入锅中开始煮。锅中的水量没过豆子约 1—2 厘米。不要用让豆子不停跳动的大火，而要调成不会将豆子外皮煮破的小火慢煮。煮到八分软时，加入砂糖和酱油，继续煮到完全变软为止。用这种方法烹调出来的菜被称为是淡煮（薄煮）。

做出细腻鸡肉茸的秘诀是绝不要在调味料煮开之时把肉放入其中。而是将鸡肉糜与调味料一起放入锅中，用五根筷子一起充分搅拌，同时倒入水，使之变顺滑。

这时打开中火，继续用五根筷子轻轻搅动，慢慢会从汤汁中看到细腻的鸡肉茸冒出。这样煮到汤汁收干，鸡肉茸就不会松散，呈现紧实的状态。

●材料（5 人份）

【淡煮青豆】

青豆（带荚）……………………豆子净重 400g
盐……………………2/3 小勺
砂糖（尽量选择粗粒赤砂糖）……………………满满 2 大勺
酱油……………………满满 1/2 大勺

【鸡肉茸】

鸡肉糜……………………200g
盐……………………少许
清酒……………………4 大勺
砂糖……………………3 大勺
薄口酱油……………………2 又 1/2 大勺
水……………………1/2 量杯

【蛋黄酱】

蛋黄……………………2 个
葛粉……………………2—3 大勺
昆布出汁……………………1 量杯
盐……………………1/2 小勺
清酒……………………2 大勺

大量煮好后活用于各种各样的料理中。

●做法

淡煮青豆与鸡肉茸的做法请参照前文。

【蛋黄酱】

①取一些昆布出汁，将蛋黄捣散。

②把调味料和昆布出汁倒入葛粉中，开火制作葛粉浇汁。

③趁热把少许的葛粉浇汁淋入步骤①的蛋黄中，快速混合后再倒回剩余的葛粉浇汁里，充分搅拌混合，用小火煮 1—2 分钟即可完成。

●展开法

不管是淡煮青豆还是鸡肉茸，每次只做 1 人份则无法调出好味道。所以可以适量多做一些，灵活地将之活用于各种料理中，便能营造出宽松自在的家庭饮食环境。

淡煮青豆可以加入炒豆腐、豆腐蔬菜鸡蛋烧、飞龙头[1]、煮豆渣、鸡蛋烧里。

鸡肉茸更有用武之地。加入炒鸡蛋里，不管是幼儿、老人还是病人都能轻松食用。煮饭的时候也可以加。用鸡肉茸做成浇汁可以轻松吃下夏天的蔬菜。不要忘记做菜组合是可以拥有任何可能性的。

1　飞龙头：将豆腐捣碎，加入胡萝卜、莲藕和牛蒡等材料混合后油炸的食物。语源来自葡萄牙传统点心 filhós。

青豆拌小肉丁（田园风）

『双拌』的方法更易入口 让人不禁莞尔的烹调手段

白与红紫交相错叠的豌豆花上，蝴蝶翩翩停留的身姿，这是属于暮春时节的特有风景。

在公元前数千年的西亚和古希腊的遗迹中，就曾出土过豌豆，说明豌豆是从远古年代就开始栽培的植物。之后经由埃及传播到欧洲，如今在温带地区长势良好。

日本的豌豆是在奈良时代由中国传入，从《和名抄》[1]中可以找到当时被叫作野良豆的豌豆。真正为一般人所知是在明治初期，从欧洲引进种子之后才开始。

光吃豆荚的豌豆叫作荷兰豆；只吃豆子的豌豆叫果实豌豆，也被称为青豆。曾经存在过历史较悠久的与这些不同的品种，其豆荚和豆子均可食用，后来因为受到新入品种的冲击而所剩无几。

我认为果实豌豆作为蔬菜，在所有可食用的豆类里是最美味的一种。豌豆饭、淡煮青豆、薄芡豌豆以及之前介绍过的蛋黄酱浇汁青豆……每到豌豆季节，从刚上市到下市期间，都让人想方设法变出各种花样享用。

豌豆不仅能做成日式菜肴，在法式菜肴里也无疑是一颗闪亮的星。理由之一是法国肥沃的土壤可以培育出优质的豆子，之二是豌豆与乳制品的契合度非常高。在法国还有一段有趣的相关历史。据说当时的路易十四是一位喜欢蔬菜的美食爱好者，甚至命人在烧着石炭的温室里栽培蔬菜。其中他最喜欢的就是豌豆，受其影响吃豌豆这件事情便在贵族间流行起来。当时的这股风潮对法国豌豆料理的发展不能说是没有影响。

本文介绍的“青豆拌小肉丁”不走贵族路线，而是纯正的田园风格。身边的人都表示很喜欢这道菜。

菜式无问东西，烹调青豆料理关键在于煮法，但也无须把它当成难事。豆子煮软后不要马上取出，关火继续在锅中焖。如果马上从热水中取出放在沥水竹筛上，青豆的表皮会起皱，口感也会变硬。充分焖透才能品尝到滚圆柔软的青豆。这与蚕豆和毛豆的煮法有别。

日本人太过挑剔食物的色相。这里介绍的烹调方法并无追求色相的意思，而是在润饰完工的阶段，把约总量 1/3 的青豆特意捣成泥，调成糊状，再与完整的青豆粒双拌，使得容易滚动的豆子吃起来更为便利舒心。

把原本需要在各自餐盘中用叉子叉起食用的东西，变成了一同在锅中烹调好的热腾腾的状态下装盘。可以说是一种让人欣悦的合理烹调手段了吧。

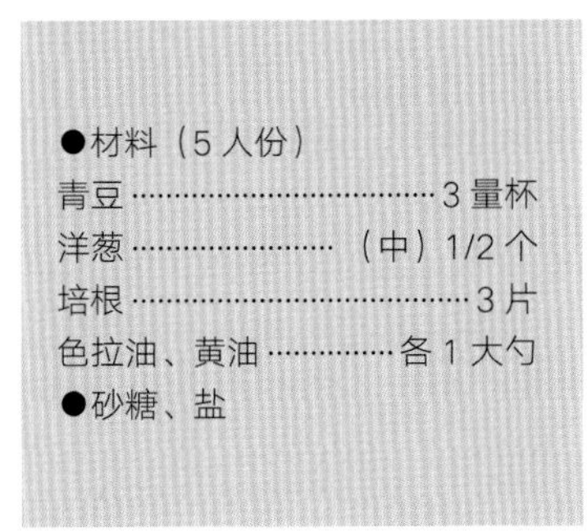

1 《和名抄》：日本平安时代编写的辞典，是日本最古老的百科辞典。

关火后静置，焖透后滚圆柔软。

●做法

①煮熟青豆（参照前文）。

②切除培根外侧熏制部分，用开水浇过表面后切成 1 厘米的小丁。

③把洋葱也切成 1 厘米的小丁。

④将色拉油和黄油放入锅中，倒入洋葱煸炒至没有刺激的味道，加入培根轻轻翻炒。

⑤把煮好的青豆和一杯半的水倒入步骤④的锅中，开火煮软。

⑥往步骤⑤的锅中加入一大勺半砂糖和半小勺盐，待青豆吸收调味料后，用木铲背面把约总量 1/3 的青豆压成泥，再整体混合。

因为希望成品保持湿润，如果锅中的青豆看起来干干松松，可以加入牛奶调整成湿润的状态。

* 切出整齐洋葱丁的诀窍

把洋葱和培根都切成 1 厘米的小丁的理由是为了配合青豆的尺寸大小。材料的尺寸和切法是调味的根源。

首先将洋葱纵向对半切开，剔除中间芽的部分。横放在砧板上，切成 1 厘米的条状，切口则呈现半圆形的层次。先把最外侧两层剥下切成 1 厘米的小丁。再剥下两层，同样切成 1 厘米的小丁。每个小丁的中心划成十字形。

豌豆卷织汤

以油激活春日蔬菜 可谓古老的『奢侈』

被称为“卷织”的东西不胜枚举。有“卷织卷”（用豆腐衣作皮包成春卷的样子）、“蒸卷织”（把鱼与各种蔬菜一起清蒸）、“丰后的卷织黄饭”[1]、“卷织汤”等。

“卷织”属于桌袱料理[2]的流派，是卷织、卷煎料理[3]的一种。正确的发音应该是KENCHAN，在传播过程中发音渐渐变成了KENCHIN。正如文字所描述的，是把萝卜、香菇、牛蒡和胡萝卜等（细细）切成丝后和豆腐一起油炒，再把这些已入味的东西卷起来的意思，据说通过这个手法还产生了很多类似的周边料理。比如大家所熟悉的卷织汁，是由萝卜、胡萝卜、牛蒡、莲藕、香菇、魔芋、芋头等蔬菜加上豆腐、出汁烹调而成。

本文介绍的豌豆卷织汤是由豆荚和豆粒皆可食用的豌豆、豆腐、油豆腐、出汁和鲣鱼花，还有调味料烹调而成。为什么明明只有豌豆就能被称为卷织汤呢？每年我都举着筷子这样想。可能是因为用油炒过，又加了豆腐和油豆腐的关系吧。

我还会这样联想：用春天的根菜当原材料，远没有秋天的根菜来得鲜美。虽说有新鲜的胡萝卜和牛蒡，但入夏后萝卜和莲藕的季节就已结束。何况也没有芋头。可即便没有这些根菜，也想用豆腐和油来做汤。哪怕是仅加了春天食物的杂烩汤也想喝一碗。或许是先祖们在如此强烈的愿望下，结合当季的豌豆做出了这样一道卷织汤吧。

很早以前豆腐和油都属于奢侈品。珍贵的油在平常只能用作供奉神龛的灯油，简直无法想象与油绝缘的普通人品尝到油的日子该有多满足。

日本料理中除了天妇罗以外，不太能捕捉到油的精髓。没有认识到油可以遮盖材料本身的腥味、是拥有调出食材本味能力的产婆角色，因此也就无法充分利用油的优点。

比如说，一直以来，根菜杂烩的炒法都是等食材表面沾上油之后，迅速加水。这样炒，实在太像乱炖。与之相反，西式蒸炒[4]手法只用少量的油，依赖于蔬菜本身自带水分的特性，盖上锅盖用小火，慢慢焖炒到食材基本变软为止。本次也会采用此方法。

把豌豆按照西式蒸炒法处理至八分软，在润饰完工阶段再加入出汁。这种做法即便是豆粒很多的豌豆也不会变硬，放到第二天也能享用。

●材料（5人份）
青豆（豆荚和豆粒均可食用的品种）……400g
木棉豆腐……1块
油豆腐……1片—1又1/2片
橄榄油……2又1/2大勺
出汁……5—6量杯
●盐、酱油

1　丰后的卷织黄饭：日本大分县一种把含有鱼、豆腐和蔬菜的卷织汤淋在煮成黄色的米饭上的乡土料理。丰后在古代指大分县北部以外的大部分地区。

2　桌袱料理：中国料理和西洋料理日本化之后的宴会料理中的一种。发源于日本长崎市，将盛入大盘的整套料理，以围拢在圆桌边的方法享用。

3　卷织、卷煎料理：从中国普茶料理（素菜筵席）日本化后的名字。桌袱料理的一种。

4　蒸炒：常用于法式料理的一种烹饪技法。具体技巧请参考“法式家常浓汤”一章。

为避免豆粒变硬，用小火采用西式焖炒法来烹调。

●做法

①把豌豆在水中浸泡一段时间。

②拿布轻轻挤压并吸掉豆腐的水分。

③在不破坏形状的基础上撕掉豌豆的筋。

④油豆腐用开水冲掉多余油分后片开，分成纵向 4 片后切成约 3 毫米的细丝。

⑤把步骤②的豆腐掰碎放入锅中，干炒之后取出。

⑥用中火加热橄榄油，把步骤③的豌豆的水分沥干后倒入锅中。在豌豆表面完全沾上油分之前保持中火。之后轻轻撒上盐，转为小火并盖上锅盖。时不时搅拌一下进行蒸炒。到五分熟时加入油豆腐，炒至八分熟。

⑦把出汁和豆腐加入步骤⑥的锅中，淋些酱油试味，如果味道还差一点可以加点盐来收尾。

为了无法共进晚餐的父亲，煮好后可以把汤和里面的材料分开存放，根据需要再加热。

* 不用“出汁”的做法

5 人份以上的卷织汤，不用特意地加入出汁，只要在调味阶段，在锅子上方用两手将优质鲣节搓成粉末，使之徐徐掉落锅中。

焗烤卷心菜包肉

用酱汁来增添浓厚风味 剩菜也能焕发『新颜』

咔嚓咔嚓掰下新鲜的卷心菜叶，光凭这声音就能知道它的好味道。西式卷心菜沙拉自不必多说，热乎乎的炸猪排边上那切成细丝的卷心菜与伍斯特酱汁的高契合度，也让人无法割舍。

无论哪种蔬菜，一旦烹煮过都能吃下很多。刚上市的卷心菜煮出来会有一种独特的美味，趁着正当季，本文将要介绍一道将大家熟悉的卷心菜包肉变成焗烤菜的做法。已经彻底日本化了的卷心菜包肉到底来自哪个国家呢？很擅长烹调卷心菜的是德国，会把卷心菜与猪肉结合起来的，似乎也是德国……

如果把卷心菜包肉想成“西式关东煮”，那么在烹调抑或享用时，都别有异趣。对于关东煮，除了其中一些加工食物以外，吃不完的只要保存得当，隔天照样可以添上调和味噌酱烤来吃，展现一道“新菜貌”。卷心菜包肉也是如此。多做一些冷藏起来，隔天再动手将其换成另外一种新面貌端上桌。

白汁能够将大多数的蔬菜温柔包裹，为它们增添风味。以此为原则来制作焗烤卷心菜包肉。把焗烤盘预热后，放入沥掉汤汁的卷心菜包肉，浇上白汁，撒入大量的帕玛森干酪碎，再放上黄油小碎块，放入烤箱烤到表面微微产生焦色。这样经过再次加工的卷心菜包肉要比原先更美味。需要注意的是，在放入烤箱烘烤的过程中，卷心菜包肉底下会有汤汁渗出。假如事先在底部铺上切去面包边的薄片吐司，面包会自然地吸收汤汁，也会成为整道烤菜的一部分。

如果担心隔夜的卷心菜包肉做不出一道像样的菜，那么可以通过把其他食材加入白汁来补足。春天可以用土豆、胡萝卜、西芹、青豆和蚕豆，放在咸味出汁里煮过后沥干水分，加入白汁中。如果想要添加蛋白质，鲜贝无疑是上佳的选择。将这些食材与白汁一起煮应该就能弥补不足了吧。若时间紧迫，把煮鸡蛋纵向切成四块也能发挥作用。切开的煮鸡蛋容易散开，所以要紧紧地摆放在卷心菜包肉边上，浇上白汁即可。

●材料（5人份、共15个。1人份中2个直接食用，1个焗烤）

卷心菜……（大）1个

A
- 猪肉糜……600g
- 洋葱（碎末）……150g
- 面包糠……1又1/2量杯
- 牛奶……1量杯
- 盐……1又1/2小勺
- 胡椒……少许
- 综合香草粉末……少许

B
- 培根……3片
- 洋葱（薄片）……50g
- 胡萝卜（薄片）……50g
- 西芹（薄片）……50g
- 月桂叶……2片

汤（把1块固体汤料放水中溶化后的现成汤汁也可以）……4量杯

●盐、马铃薯淀粉

焗烤用白汁……2量杯

帕玛森干酪碎、黄油各适量

烤制时垫一片薄片吐司，防止汤汁渗漏。

●卷心菜包肉做法

①挖去卷心菜的菜芯，用热水烫过，便于剥下菜叶。

②把 A 的材料混合搅打，分成 15 等分的圆形肉馅。

③将步骤①的菜叶按照一大一小两片叠加放好，撒上少许的盐。叶子芯部分放在靠近自己的一侧，把步骤②的肉馅放在上面往前卷一圈。叶子的右侧部分先塞入后再卷到底，剩下叶子的左侧再塞入肉卷中。这个做法不需要用牙签就能确保肉卷不会散开。

④把 B 的材料倒入平底锅内，将步骤③的肉卷挨个紧紧排放入锅。倒入汤汁，加入少许盐，盖上厨房用纸做的纸盖，再盖上锅盖，用小火炖煮 40 分钟到一小时。中途转动一下锅子之后用盐调整味道。

直接吃卷心菜包肉的时候，把汤汁用马铃薯淀粉先勾出薄薄的芡再浇在上面享用。

焗烤的方法参照前文的内容。

* 关于如何处理卷心菜叶子

进行基本处理时有几个重要的注意点。

挖卷心菜的菜芯比较危险，一定要用小刀来挖；大、中、小的叶子用来卷肉时，要事先组合好；将叶子上残留较硬的菜芯部分切去后切薄，一起炖煮；煮好的菜叶撒上盐再卷肉也是重点。

特色酱汁鸡肉炖菜

由食材的潜力催生出的料理 适量多备以活用

这道菜是西班牙东北部的阿拉贡地区的著名乡土料理。特色酱汁（chilindron）是指用洋葱、番茄、大蒜和彩椒等煸炒过再熬煮出的酱汁。

我认为西班牙菜的长处，在于对食材本身包含的强大潜力的发挥。这道鸡肉料理，发源于有着干裂的红土地和一望无际丘陵的阿拉贡地区，让人不禁联想到响板的回音。不油腻而又独特的浓厚滋味，想必是红、绿两色的西班牙彩椒以及少量的正宗生火腿，经过充分炖煮之后催生出来的。法餐中也有一道叫作“巴斯克炖煮鸡肉（poulet basquaise）”的炖煮菜，所用到的材料完全一致。虽说也是一道味道很好的菜肴，但与西班牙的这道鸡肉炖菜相比，风味醇厚程度还是有别。或许就是所谓的正宗和派生的区别吧。

我之所以推荐这道料理，还有一个原因：炖肉过程中，会自发产生美味的酱汁——这样原始而自然的方式非常家常，一旦习惯并内化，一定会成为你重要的下厨经验。再者连骨带肉煮出来的酱汁，对孩子的成长也有帮助。把酱汁浇在软糯的米饭上，即便不擅于嚼肉的幼童也会吃得很开心吧。

这道炖煮菜和面包的契合度不必赘述，与米饭、土豆、意大利面和通心粉的搭配也很妙。因此类似这样的炖煮菜，一定要多做一些。隔日加入少量的菌菇类来补足，可以延展成意大利面、焗烤通心粉和鸡蛋料理等。

决定这道特色酱汁鸡肉炖菜味道的关键，是肉的煎法。绝对不能把锅烧焦，又必须要确保肉的表面煎出香喷喷的焦色。这就要求使用的锅不是薄的平底锅，而要选择较厚的煎锅。肉表面的水分残留是引发烧焦的原因。要先用厨房纸巾充分擦掉水分，撒上盐整理好肉皮的形状后再下锅煎。

我看过很多法国人、意大利人和西班牙人将鸡肉煎好再炖煮的方法。其中把肉煎得最透的是西班牙人，而且还是萨尔瓦多·塞兹（Salvador Saiz）这位西班牙料理界的权威，他最注重用理论和智慧来对待料理。我没有直接询问理由，想必是因为他对食物的潜力已了然于心。

接下来就是彩椒入锅的时机了。西班牙的彩椒没有让人讨厌的苦味。按照洋葱、大蒜和彩椒的顺序煸炒，是一般酱汁调味的正常步骤。但是日本的彩椒禀性各不相同，需要在别的锅子里炒过之后，中途再入锅一起炖煮。

●材料（5人份）
带骨鸡腿肉……………………5个（1个约300—500g）
洋葱……………………（大）2个
大蒜（碎末）……1又1/2大勺
彩椒………绿色3个、红色2个
里脊肉火腿……………………50g
全熟番茄……………………6个
（或者水煮番茄罐头）
橄榄果实（黑色和绿色）各适量
橄榄油………………1又2/3量杯
●盐、黑胡椒

鸡肉煎到表面产生香喷喷的焦色，在炖煮过程中自然形成酱汁。

●做法

①将每个鸡腿肉切成 3 小块，擦干表面水分，撒上盐和胡椒。

②厚煎锅倒入部分橄榄油，将步骤①的鸡肉煎一下。煎好之后取出放在别的容器里。

③倒掉步骤②锅中的油，锅壁上留着肉的鲜味，所以要善加利用。把切成 5 毫米半月形的洋葱和大蒜、纵向切成条状的彩椒和切成 1 厘米的小丁的火腿倒入锅中。观察锅里的状态，适度加入剩下的橄榄油来补足油分。为了让粘在锅壁上的肉鲜味与蔬菜充分混合，在不炒焦的前提下煸炒约 10 分钟。

④把步骤③的蔬菜等倒入炖锅内，加入切成块的番茄和少许盐，煮约 10 分钟。

⑤煎好的鸡肉倒入步骤④的锅中，转为小火再炖 20—25 分钟，加入橄榄果实，用盐来最后调味。

⑥先把鸡肉盛入盘中，锅里的酱汁可以根据需要继续煮，待酱汁变稠厚时再舀出浇在鸡肉上装盘。

鸡肉南蛮渍

将『异国风情』变为『自成一派』
细品前人的『智慧』

“南蛮”出现在日本料理里，通常是作为名词、形容词来表现各种意趣迥异的料理。荞麦面店的“鸭肉南蛮”“天妇罗南蛮”，就是大家熟悉的例子。另外，把鸭肉、鸡肉、小鱼和莲藕用油处理之后，以甜醋腌渍，就叫作“南蛮渍”。而在食物材料中，大葱和辣椒也被称为南蛮。

日本现有的外来文化，普遍经由南方传播入境。因此入港的船叫作南蛮船，坐船而来的人叫作南蛮人，带来的东西则叫作南蛮舶来品。这种命名法转移到美食的领域，鱼和肉用油炸过的新烹饪法也被冠上了“南蛮”这个词语。连古书里都有“带有异国风情的东西称为南蛮”这一解说。我认为荞麦面里添上鸭肉或天妇罗，再配合撒上葱花，自成一派，比起日本西式菜肴中单纯的炸猪排或煎蛋卷要更胜一筹，而把烤过的大葱和辣椒放在南蛮渍的腌渍醋里以增添风味，也是非常厉害的想法。

之所以在此介绍“鸡肉南蛮渍”，是因为用到了醋。6—9 月食物容易腐败，醋具有安定食材的作用。根据实际情况，腌渍的鸡肉从两片增至三片也无妨，可灵活满足多方面的需求。

要把这道“鸡肉南蛮渍”做好吃，有以下几个诀窍。

第一，尽量在专卖鸡肉的店里购买优质的鸡肉。

第二，煎鸡肉要选择较厚的煎锅，把鸡肉煎到八五分熟后，先取出置于不易变凉的地方，覆上铝箔纸，利用余热把中间部分焐熟。切勿在锅中把鸡肉煎得过柴。

第三，应充分利用在煎鸡肉的过程中粘在锅壁上的鲜美肉汁（不要把表面煎得太焦）。首先倒掉锅中多余的油分，再重新开火，此时锅壁渗出的油分用厨房纸巾吸去，接着“哗”地倒入一口清酒，并用木铲把清酒泼向锅壁。这个步骤很重要。之后迅速将清酒倒入备好的甜醋中。请品尝一下倒入清酒前后的味道差别吧。如今，日本料理也渐渐不再强调如何处理残留汤汁，不再重视锅壁的作用了。锅壁上其实覆盖着一层鲜味浓厚的薄膜。烹饪手艺娴熟的人，善于利用这一点，发挥在下一步骤中。

第四是装盘的方法。食用时的浇汁，要用腌渍液。但是，此时腌渍液的鲜味在腌渍完毕后已经被肉吸收，甜醋的作用也消失了。因此取总量约一半的腌渍液再熬煮，加入醋、酱油和砂糖调味之后再装盘。

●材料（5 人份）

鸡腿肉……2 块
大蒜、生姜……各 1（瓣）片
色拉油……2 大勺
甜醋汁

A
- 醋……2/3 量杯
- 清酒……1/3 量杯
- 盐……2/3 小勺
- 砂糖……1 又 1/2 大勺
- 酱油……1/2 大勺
- 水或者昆布出汁……1/2 大勺

B
- 大葱的葱白部分……约 15cm
- 红辣椒……2 个
- 水溶黄芥末……少许

●盐、清酒、醋、酱油、砂糖

煎好鸡肉后残留在锅中的汤汁，加入甜醋中生成鲜美滋味。

●做法

①调配好甜醋的调料用量，加热到约50℃。甜醋倒进能容纳并确保醋能覆盖鸡肉的容器中，加入干煎过的红辣椒和对半切开的葱白。

②用数根金属签在鸡皮上戳些小洞。

③往步骤②的鸡皮上撒薄薄一层盐，静置约5分钟。

④在此期间，厚煎锅内倒入橄榄油，加入拍碎的大蒜和生姜炒香，炒成香味油。

⑤用步骤④的香味油把鸡肉从鸡皮开始煎。一开始用偏大的中火，鸡皮表面出现看起来很美味的焦色时调小火力，盖上锅盖。观察肉的表面渗出鸡汁时翻面。目标是鸡皮六分、鸡肉四分熟的程度。

⑥鸡皮朝下浸入步骤①的甜醋汁中。

⑦加入3—4勺清酒将锅中的汤汁稀释，倒入步骤⑥中。2小时后翻个身，总共腌渍约6小时。

⑧腌渍好的鸡肉斜斜片开盛入盘中。熬煮腌渍汁，追加调味料，与水溶黄芥末一起浇在鸡肉上。

●应用

别忘了添上当季蔬菜。多余的鸡肉可以切成薄片用来制作三明治，或者切细丝做成凉拌面。把鸡肉换成鸭肉，是最适合用来待客的夏日菜肴。

水煮芦笋的方法

随风飘动的『淡绿之海』 美味的秘密来自眼前这片『风物诗』

初夏的风捎来玫瑰的香气，也迎来了绿芦笋的季节。芦笋虽然不是土生蔬菜，但它特有的口感和鲜美味道，与我们熟悉的初夏滋味紧紧相连。

近年进口的品种逐增，但说起芦笋，立刻浮现脑海的是盛夏到初秋的北海道。一望无际的大地，仿佛随风飘动的“淡绿之海”，在浪潮的来往起伏里，广阔的粼粼波光铺将开来。实际上芦笋美味的秘密，便来自这片让人心醉神迷的风景。淡绿之海是被特意保留下来的芦笋嫩叶所描绘出来的风貌。为什么要保留嫩叶呢？因为这嫩叶会将从阳光里吸收存储下来的养分，到了晚秋时分再送回根部，之后作为糖分被积存。而糖分是持续到翌年6月中旬成就芦笋美味的根本。剩下的就依靠吸取大地的力量了。

芦笋的季节是5月中旬到6月中旬，和产销间出色的代谢能力息息相关。公道而有良心的生产者，会从凌晨三点半一直采摘到约上午十点，并且确保当天出货。因此食客们也要以这样迫切的心情去料理芦笋。

关于芦笋的菜肴应该数不胜数吧。用黄油炒软、水煮过后直接凉拌，或者做成热菜。像法式浓汤就直接发挥了芦笋本身的风味，也是非常好的一道菜肴。芦笋料理除了炒之外全部以水煮为基础。接下来要介绍我的法式料理恩师加藤正之先生经过常年的实践后形成的手法。

关于水煮芦笋的程度，你是喜欢比较有嚼劲呢？还是喜欢口感柔软有弹性、咬上去能感受到芦笋的鲜味在口腔里扩散的感觉呢？煮法会因喜好而异。我来解释一下后者。说是柔软有弹性，但绝不是以罐头芦笋那种柔软度为目标。而是送入口中时，能感觉从笋尖到根部整体的弹性。

也就是说，要以从头到根都煮出均一的口感为目标。先将笋尖部分煮到八分软时关火，等待余热把整个根茎部分焐软（记录所需时间，作为之后的参考）后，迅速拎起棉线把芦笋放入沥水盆，同时解开棉线，用水给芦笋降温：把手掌放在水喉（水龙头）下接水，再洒在芦笋上，之后浇上冰水便能保持芦笋的鲜嫩的色泽，绝不要直接浸在水里。

芦笋必须要冷藏，但注意冷藏过度会使风味尽失。所谓料理，即“照料道理”。请按照字面意思去思考方法。在水煮东西的时候很少人会把余热的作用一起考虑进去。这个方法，必须是无比熟知火力的人，通过彻底的实践之后才能了解和掌握。

●材料（5人份）
新鲜绿芦笋……………………25根
●盐
料理用棉线

利用余热将芦笋焐软，浇上冰水保持鲜艳色泽。

●做法

①触摸芦笋的根茎，折去较硬的部分，下半部根茎上的叶鞘也要摘除。

②把处理好的芦笋分成两捆，分别用棉线绕两圈后打结捆住。

③将足量的水倒入锅中或者方形托盘内后开火。沸腾后用盐味至大抵汤的咸度，按照前文所示将捆好的芦笋煮熟。

粗细不一的芦笋，最好分开煮，不容易出错。粗芦笋用余热焐熟后，再把水煮沸后加入细芦笋。

④给芦笋降温也要按部就班，先备好沥水盆和冰水，再提起绳结取出芦笋。棉线需绕两圈捆好，不然这一步不会顺利。

*蘸上美乃滋酱享用时

新鲜且通过正确方法煮好的芦笋，直接吃就已满足。若淋一层优质的橄榄油，或者添上自制绵稠的美乃滋酱，也不觉多余，反而很相配。

自制的美乃滋酱，用陶瓷大深碗和五根一次性筷子搅拌出来最美味（用不锈钢的深盆或打蛋器会沾染金属气）。将美乃滋酱用牛奶稀释后适合与各种水煮蔬菜搭配食用。用白葡萄酒稀释后可以用来烹煮鱼类菜肴。使用市售现成品则无法调配出同样的东西。

*煮白芦笋时，往水里加一半分量的牛奶可以缓和白芦笋的苦味。

清蒸鲜鲣鱼块

痛快品尝曾作为『权力象征』的鲣鱼

伊势神宫和出云大社等神社屋梁所用的木材，都有一种被称作“坚鱼木”的圆筒形木头。我曾经读过一个说法：此木象征着世代靠海为生的本国人民与鲣鱼之间的深厚感情。

在鲣鱼还被叫作顽鱼的时代，人们利用铁针就能巧妙地钓到大量鲣鱼，由此发现了此鱼经过煮制晒干后就会变硬的特征，自然而然地就把坚硬的鱼（坚鱼）叫成鲣鱼了。

鲣鱼可以置于炉火架上烘干，也可以摆放在屋檐下晒干。它不仅便于储存，也让人联想到强壮的力量，因而历史上曾有过鲣鱼象征着权力的时代。

查阅《日本建筑史序说》一书，能从出土的房屋模型来推断当时的建筑式样。当时的贫富差距已经显而易见，比如富农家房屋主屋的屋梁，使用的就是坚鱼木。原始时代的造型通常都表达着某种深意，同时也有着无法尽述的遗憾。顺便一提，坚鱼变成“鲣鱼”是在人们开始接受生食的镰仓时代。

染着海蓝的鲣鱼，将其片开之后，不禁让人感慨。鱼皮犹如塑料一般光滑；鱼鳞只在肩部到胸鳍少量存在。它的背鳍与其他鱼类截然不同，背部肌肉十分结实。尾鳍虽细小却是全身神经最为发达的部分。鲣鱼游动飞快，洄游距离甚至达到数千公里。在处理如鲣鱼般高度进化的鱼类时，我总是心存感激，想要竭尽所能地做成美味佳肴。

鲣鱼一般的做法是剁成鱼蓉或者片成刺身，但我认为鲣鱼的腹部做成清蒸鲣鱼块是最明智的。现成的清蒸鲣鱼块总是少了一些鲣鱼本身的高雅风味，如果使用能做成刺身程度的新鲜鲣鱼，实在是很美味。清蒸鲣鱼块是鲣节的原材料，是否美味也由其来决定。

将蒸好后蓬松又湿润的鲣鱼，鱼皮朝上大块切开，佐以加入了少许柠檬汁的白萝卜泥，再淋上几滴优质酱油。添上细香葱的芽、马蓼和刺山柑等材料做成沙拉，是一道具有别致风情的季节菜肴。同样往撕碎的鱼肉里加入大量的生姜和山椒叶，做成味道清爽的咸甜佃煮菜，也有着清蒸鲣鱼块的美味在里头。

蒸煮鲣鱼时，只要将充分冷却后的鲣鱼切开，不需要特意将鱼肉撕碎。与煎豆腐一起做成什锦煮菜是当季的固定菜式。别忘了加上一些水溶黄芥末。

●材料（5人份）

新鲜鲣鱼……………………整片鱼块

盐（粗盐）、清酒、生姜各适量

竹叶、山椒叶………………各适量

刚蒸好的鲣鱼块蓬松、湿润。
把鱼肉切碎后做成佃煮菜格外美味。

●做法

①小块鲣鱼直接使用，大块鲣鱼先切成小块待用。

②用盐涂满鲣鱼块的整个表面，轻轻拍打后放入冰箱冷藏约半小时。

③蒸笼底部和侧面铺上竹叶（没有的话可以铺上一块用清酒浸湿后充分挤干的布巾）。把冷藏后的鲣鱼块渗出的水分擦干，鱼皮朝上放入蒸笼里并淋上清酒。生姜切成薄片后撒在上面，用足量的山椒老叶覆盖鱼身。

④把蒸笼放在水已煮沸的锅子上，盖锅大火蒸制。

⑤从蒸笼的盖子开始冒出蒸汽算起，15—20 分钟时关火。不要取出，静置直至冷却。这样就能使蒸出的鲣鱼块蓬松而湿润。

⑥蒸笼铺了竹叶比较容易清理。将蒸笼用洗洁精清洗，拿三四片柠檬擦拭过后，鱼腥味就会消失。

* 用盐开水来水煮的方法

除了蒸制以外，也可以用水煮的方法。想要大量烹调时使用此方法效率更高。这种情况下不需要将鱼切割成小块。水温保持在约 80℃，加入足量的盐，鱼皮朝上也是窍门。煮制时间控制在 15—20 分钟。

当季洋葱汤

『登陆』日本已百年之久 真正的相处从现在开始

据说洋葱被划归为日本葱类开始栽培是在明治十年（1877 年）左右。

当时只见过细长形葱的人们，拿到球状的洋葱，应该也与左邻右里热烈地讨论了一番吧。之后数百年来，洋葱已经成为我们饮食生活里不可或缺的食材，但是仔细观察，又会发现其实它并没有真正地融入日本料理中。

最容易让人联想到的洋葱菜肴是土豆炖肉，其次是鸡蛋盖饭。不过，高级的亲子盖饭不会用洋葱。寿喜锅也总是用长葱。为什么洋葱无法满足要求呢？

换个角度，像可乐饼、牛肉饼和咖喱等西式料理，虽然洋葱并不担任主角，但若少了它佐味，整道菜又似乎无法成立。因此可以说日本料理与西式料理最根本的差异，就在于对洋葱的使用。

洋葱的原产地据说是印度西北部以及中亚地区。根据文献记载，纪元前的埃及、罗马时代，洋葱已属于一种重要的栽培蔬菜。据说在建造金字塔的时期，人们用洋葱来维持体力；古罗马时期的早餐通常食用葡萄酒浸泡过的面包，再配上生洋葱和奶酪。

由此可见日本与他国在娴熟使用洋葱上的年数差异之大。在日本只有百余年历史的洋葱，仿佛从昨天才出现。不仅仅是食材，对待所有的外来文化都要保持审慎的态度。

六月中旬的洋葱可能还不算正当季，仍然处于非常幼嫩的状态。这个时节试着用整个洋葱加以烹调，恰好是了解其习性的好机会。烹调整个洋葱的方法有烤、蒸、炒过后再水煮以及直接水煮等。

直接水煮就只要将洋葱煮到酥软即可。喝汤的时候轻轻舀起洋葱吃下去，为体力不济的梅雨季节提供能造金字塔般的活力，同时也有助于消化。

“这个菜谱来自我那从美国回来的祖母。不是什么美味珍馐，但我很喜欢。”自从四十多年以前被同窗好友推荐之后就成为我家的固定菜式，每到洋葱当季，就跃跃欲试，而且这道菜做出来很快就能被一扫而光。唯一的问题是该季洋葱的品质。若洋葱品质不佳，则前功尽弃。我自己尽量会选择淡路岛出产的洋葱。我以为，农产品的品质不仅和土壤特性有关，从业者对农产品本身的认识也起着相当大的作用。

●材料

洋葱（直径约 4cm 的品种）……10 个

汤（根据喜好将鸡骨、日式、西式固体汤料加水溶开）……满满 13 量杯

昆布（使用日式出汁以外的情况）……（5cm 方块状）4—5 块

梅干的核……3 颗

优质橄榄油……3 大勺

●盐

将洋葱炖煮到酥软即可。
是熬过梅雨季节的活力之源。

●做法

①剥去洋葱外皮，放入冷的汤中，加入橄榄油、昆布、梅干的核和少许盐慢慢炖煮到洋葱变得酥烂，最后用盐调味。

加入昆布是为了添加营养，并使汤汁变得澄澈；梅干的作用是防腐和增味；橄榄油则用来缓和洋葱辛辣的味道。

②装盘时可以根据喜好撒上研磨胡椒和欧芹。推荐趁热享用。

* 关于分量

5 人份的汤，如果用 5 个洋葱和 5 杯汤做不出好滋味。可以的话汤要用 2 倍、洋葱要用 3 倍的量来烹调。

第一次直接喝汤。

第二次将勾芡的肉茸浇在洋葱上食用。

第三次用来做成味噌汤。或者把蒜味吐司浸入汤里，撒上帕玛森干酪碎。像这样享用味道的变化是为上策。

* 洋葱的美味

把焦点放在“洋葱的美味”本身，可以将其用来烹调，不能使用清酒、味醂和砂糖的糖尿病人专用食物。洋葱包括胡萝卜都有代替糖分的效果。用少量的橄榄油把洋葱蒸炒过后来提取它的美味，可以常备待用。推荐把它作为煮鱼等菜肴的秘密佐料。

煮青梅

受西西里亚甜点启发 以盐渍来『激发』梅子香

六月清新的风吹向簇拥生长的青梅，提示人们梅雨季节将至，需要抓紧时间采摘雨季前的梅子来一连串的梅子作业。比如以青梅为原料制作浓缩梅肉精华，过一段时间则可以制作梅酒，接下来是煮青梅等。这一次，我从中挑选了自古以来广受好评的煮青梅。

这个时节花心力提前煮青梅，到了盛夏就可以当作搭配煎茶的小茶点。把煮好的青梅盛在青瓷或白瓷的钵子里，仿佛添了一枝梅，不由让人感到清凉止汗。

在材料的选择上，应避免选择过大的梅子，个头中等或小巧可爱的梅子为佳。所用的容器必须全部避开金属材质。我煮青梅有一个特点，就是把表面戳出小孔的梅子在盐水中浸泡三天。但很抱歉，关于盐水浓度和浸泡时间，我暂时还无法给出确切的科学依据。不仅是把食物做好吃，我希望把背后的理论也传达给后辈。随口敷衍了事，未免太过简慢。

以煮青梅为例，我发现日本自古以来在糖煮果实的时候，并没有一开始加盐的处理方式。

煮青梅用盐有以下的理由。直接水煮很难不把梅子皮弄破。就怎么留心，也总会有约 1/3 的梅子被煮烂；另外，不加盐煮出来的梅子，味道和口感总感觉欠缺一些。劳心费神却效果欠佳的事情不可取。

我又想到了西西里亚有名的甜点。当地用砂糖来炖煮各种水果，小到杏子大到蜜瓜。不是简单地用砂糖来腌渍它们，而是用特殊煮法，使之切开就能看到水果本身甜美的果汁顺势流下。

我曾询问过意大利料理老师安东尼奥·卡鲁索（Antonio Caruso）此法的秘诀。结果他笑着回答我说："问这种事，是浪费生命啊。据我所知一开始水果要用盐渍，再放在河水里漂清。"我当时就想："老师也只知道这些啊，真没意思。"但这件事很深刻地留在了记忆中。

所以我煮的青梅加上了西西里亚的盐渍工序，如今在水煮阶段，1000 克青梅破皮的个数只有两三个。味道和口感，也都有所凝聚，也即立得住。

盐的分量和腌渍时间是从日本腌渍食物的方法里推算而来，做到了东西融合。自从我公布了这个做法之后，收到读者做了 10 千克、15 千克的捷报，当然也有抱怨盐分残留的不满。关键在于注意根据自己的需要来调整手法。

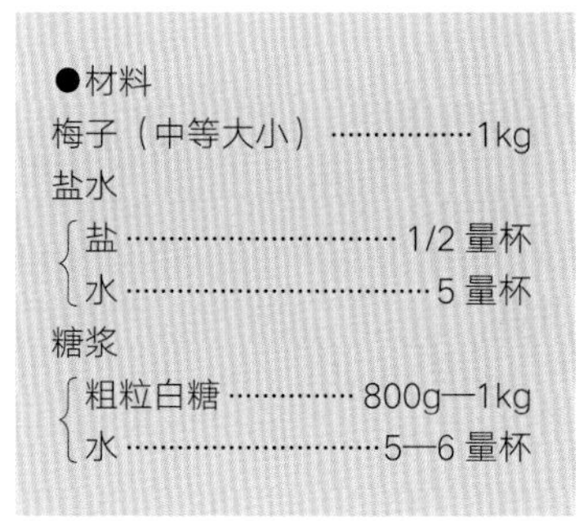

●材料

梅子（中等大小）……1kg

盐水

- 盐……1/2 量杯
- 水……5 量杯

糖浆

- 粗粒白糖……800g—1kg
- 水……5—6 量杯

避免使用金属制的容器。梅子表面戳出小孔，在盐水中浸泡三天。

●做法

①用水清洗梅子，剔除梅蒂。

②将材料中的盐水煮沸，倒入非金属制的容器里冷却。

③把竹签削尖，在每颗梅子上戳 7—8 个小孔。竹签尖部刺穿梅肉直到梅核为止。戳好的梅子放入盐水中。

④拿一个陶器的盘子压在梅子上，在盐水中浸泡 3 天。

⑤把浸泡好的梅子放在水龙头细小的流水下冲洗一天。如上图所示，把布巾裹在水龙头上，用橡皮筋固定。把布巾顶端压在梅子底下再打开水龙头。水流从底部往上流，形成合适的对流将盐分和杂质冲洗干净。

⑥将冲洗好的梅子放入足量的水里开火水煮。期间试食，煮到整个梅子从外到里都变软为止。

⑦把煮好的梅子再次在流水中清洗。冷却后品尝咸度、酸味和苦味，以自己的口味为准。

⑧将粗糖用水煮开溶解。冷却后把梅子轻轻放入其中。用手比较好。

⑨在糖浆中慢煮约 20 分钟。静置冷却。

⑩把梅子装入消毒过的瓶中。糖浆撇去浮沫继续收干至 2/3 左右。

冷却后倒入瓶中以覆盖梅子。

⑪瓶口和盖子四周用烧酒擦拭。

冷藏 4—5 天后入味。

* 长期保存的梅子需要提高糖度。在步骤⑩煮糖浆时，多加些糖即可。

用『梅干』做菜

特殊风土培育出独特的饮食文化并具有医食同源的效果

梅雨期间晴雨交替的光和影，时不时抬头仰望树梢，手里不停处理着梅子。这个工作从雨季到来之前的浓缩梅肉精华开始，到梅酒、梅子果汁、梅干、煮青梅和梅子果酱，再到用掉落的梅子煮成的水来浸泡抹布，在盂兰盆节期间用来擦亮木质工具。以上几个工作中最不可缺少的是浓缩梅肉精华和梅干。

这是因为日本梅子的成分受气候日式土影响，有着其他东亚国家的梅子所不具备的医食同源的效果。先不提科学方面的论证，对梅子制品处理上的差异就是证明。譬如都说料理梅子的方法是从中国传来的，我曾咨询过中国料理专家臼田素娥老师，她很亲切地从香港为我带回几样美味的糕点和蜜饯之类的梅子制品。她就表示没见过像日本这样处理梅子的方法。

活用浓缩梅肉精华、梅干和梅醋的杀菌能力，用梅酒来消暑。催生和培养出这样的饮食文化，是基于在日本的风土下长大的梅子本性吧。

●防腐的使用法

①煮饭时以米三杯兑梅干一颗的比例来煮。可以为梅雨季节未翻晒的米添加风味。

②饭团中心放上梅干是固定搭配，如果捏饭团时手上的蘸水换成梅干的果肉或者梅肉酱将手弄湿，可以使饭团的味道更佳。

③在冷藏头道出汁、二道出汁、小鱼干出汁或者其他汤类时，以四合出汁（约 720 毫升）兑一颗老梅干的比例来调配。

④往素面蘸汁放入一颗梅干常备保存。梅干的酸味和素面味道很契合且容易保存。

⑤把清酒和梅干放一起做成重要的调味料，适合用来做清蒸菜和醋拌菜。

⑥胡萝卜和瓜类蔬菜做成味道较淡的菜肴时，加入梅干的核能使蔬菜色泽保持鲜艳，防止变坏的同时保留蔬菜原本的鲜味。

⑦在烹调蜂斗菜茎、山椒叶和带叶辣椒的佃煮菜、酱煮四季豆以及炖煮鱼之类的菜肴时，加入梅干的核一起煮，低盐又入味，也能延长保存时间。

⑧可以往蘸食酱油和拌菜酱油里加入少量的梅肉膏和梅醋。

⑨用白梅醋清洗盛夏里用来做拌菜的鱼类（竹荚鱼、章鱼等）。

这是一个保存剂横行的时代。我认为贩卖即成品小菜的地方应该吸取过去充满智慧实践的经验（没有酱油、味噌的年代来使用梅干），远离化学物质的影响。

【酱煮四季豆】

●材料（5 人份）

四季豆……400g
昆布出汁……适量
梅干的核……3 颗
红辣椒……1 个
●盐、清酒、酱油

酸酸的底味，起到祛暑、增进食欲、防腐的作用。

【酱煮四季豆】

●做法

①撕去四季豆的筋，放入加了少许盐的开水中，煮到咬上去微硬的程度。

②将煮好的四季豆对半切开。倒入差不多没过四季豆的出汁。加 3 大勺清酒、2 大勺酱油、梅干的核和红辣椒，慢慢熬煮到锅底略有汤汁残留的程度。中途把锅内的四季豆上下翻动一遍。

③煮好之后把锅子底部浸入冰水中，边翻动边散热。热气完全散去后倒入带盖的容器中。

* 盛夏食欲不振时，这样底味微酸的小菜让人胃口大开。它与盛夏的早餐，特别是早上的粥是绝配。放入便当里，则与阿部尚绪[1]风格的黑芝麻饭团（3 杯米兑一颗梅干、1/2 量杯磨成粗粒的黑芝麻、一大勺优质酱油。把酱油倒入芝麻中，与刚煮好的米饭混合）成为绝妙的组合。

* 一年份的梅干咸度和酸度都鲜明突出。老梅干的咸度和酸度则比较柔和。因此同样用一颗梅干，年份不同做出的菜肴口味也会有较大的差异。

1　阿部尚绪：出生于日本青森县青森市的料理研究家。

土豆炖肉

起源是一道海军内部的烹饪菜品？也有因东乡平八郎的命令而诞生的传说

我从牛肉火锅和寿喜锅的起源，进而联想到土豆炖肉应该也有相关历史。稍做查阅后发现还真有渊源，且是超乎想象的故事。

土豆传入日本（长崎）是在庆长三年（1598 年）。当时的人不懂要去除土豆芽，所以误认为土豆“有毒”，据说都把土豆当成喂马的饲料。到了明治时期，自从入港的美国海军开始采购土豆，佐世保（长崎县北部）的海军才开始使用土豆，土豆炖肉这道菜由此诞生。

另外的说法是，舞鹤（京都府北部）以土豆炖肉的起源地自称，在明治三十四年（1901 年），首任海军舞鹤镇守府首领，据说因其在英国期间吃惯了土豆和炖肉的味道，回国后也命人用土豆和肉来烹煮菜肴。这就是土豆炖肉在舞鹤的故事，如今还留存着当时军舰上把牛肉、土豆和洋葱一起炖煮后配上面包食用的菜单。

再补充一个故事。明治三十四年之后的数年，佐世保有个专门供货给法国人的厂长。他让九州的窑厂烧制有着可爱樱花图案的餐具套装，并在反面绘出锚的样子。盘钵碗都备齐了，举行法式宴席，肯定要用来装土豆吧。再从熟悉的煮土豆演变为土豆炖肉也就很容易了。这个富有人情味的人是我的祖父。我想，大部分事物的开端，都洋溢着富有人情味的微笑吧。

自我记事起，记忆里熟悉的味道就是土豆炖肉。母亲有天说：“我觉得不要让肉和洋葱的咸甜味渗透进土豆内较好。要让土豆发挥它本身的风味。”她开始尝试制作把生土豆与肉和洋葱分开煮的版本。这样做出来的土豆外侧包裹着咸甜的味道，中间的部分仍然保留着土豆本身淡淡的口感，吃起来不油腻，让人停不了口。

烹饪过程中重要的一点是用刚刚没过土豆的水把土豆煮熟，再充分发挥煮汁的作用。往煮汁里倒入酱油和砂糖，在加热之前把生的肉糜加进去，手握数根筷子搅拌，直到结团的肉完全散开后再开火。在煮肉的过程中不停搅拌，直到产生肉粒。肉粒的细腻感，可以衬托土豆变得更好吃。

如果把肉糜倒入预热后的煮汁，蛋白质会瞬间凝固，产生颗粒状凝块，败坏口感。这是一个平时不太会在意的方法，在烹煮肉糜类的菜肴时，请一定要想起它。大个的土豆切开后煮到全熟，小颗的土豆则煮到八分熟，使土豆充分吸收煮汁的味道。

●材料（5 人份）

小颗土豆……600g
洋葱……1 个
牛肉肉糜……150g
土豆煮汁……1 量杯
砂糖……2 大勺
酱油……3 大勺

将肉糜与煮汁混合后再开火，
土豆表面吸附煮汁的咸甜滋味。

●做法

①把土豆表皮刷洗干净或者削去表皮，倒入刚好没过土豆的水后煮熟。

②将对半切开的洋葱纵向切成 3 毫米宽的洋葱丝。两端切下的半月形部分不能直接使用，也要切成 3 毫米宽。

③把土豆煮汁、砂糖和酱油混合，倒入肉糜充分搅拌后开火。

④肉糜在煮汁里渐渐变松散时，加入切好的洋葱丝。

⑤待洋葱煮到半熟时，把煮好的土豆倒进去，煮到入味，使土豆吸收肉和洋葱的咸甜味。

●应用

【新鲜牛蒡和牛肉糜的柳川[1]滑蛋】

盛夏里把肉糜加入蔬菜会得到小朋友的欢心。柳川滑蛋是很有趣的一道菜肴。本来柳川滑蛋需要用到泥鳅，因较难入手，可以用肉糜代替。

煮汁的比例是 200 克肉糜，兑 1 又 1/2 量杯出汁，满满 3 大勺酱油，清酒、砂糖各 2 大勺和少许盐。加入肉糜后充分搅拌均匀。

土锅里铺上约 200 克的新鲜牛蒡薄片，将肉糜均匀倒在上面。开中火煮到入味。因为肉将牛蒡盖住了，中途需要用筷子将肉挑开产生对流。最后浇入 3 个份的鸡蛋液，转为大火收汁。

1　柳川：日本江户时代兴起的一种泥鳅、牛蒡等为原料的火锅被称为“柳川锅”（名字来源说法不一），因而用到这两种食材的料理也叫作“柳川”。

小钵素面

醋拌小菜的替代品 品尝简朴的传统料理

展望世界的面食文化，便能够明了人们的确在如何有效并美味地烹煮面食方面倾注了巨大的热情。中国、朝鲜半岛、东南亚、中亚、日本，再到蒙古、不丹、阿拉伯和意大利的面食类，有太多让人想要亲自一试的料理。

各国的制面方法概括一下，可以做以下几项分类。首先是“手工拉面”系列。不借用道具，只用手部力量将面团拉出细长条状。把面团拉成绳索状，表面涂抹植物油，再卷在两根木棒上拉长而成的就是“素面”系列。还有将面团用擀面杖擀开之后用刀切开的“切面”。把绿豆、米和荞麦粉等无麸质粉类从小孔里压出的面叫作“压面”，还有将米粉调成糊状物之后蒸煮成面皮后用刀切开，在东南亚地区被称为“河粉”系列。

素面的历史可以追溯到奈良时代，但素面这一称呼似乎从进入室町时代就开始了。大多数情况下都被当作是庆祝日的珍馐。

含有小麦的各种谷物，并不能无限量收获。根据西方史料记录，在西方十世纪时，一株只能收获约1—3粒小麦。在二十世纪初的诺曼底，一株大约能收获约20粒。东方的收获史虽然不得而知，但应该没有太大差别。当时日本用石磨来研磨小麦粉的艰辛，也是现代人所无法想象的画面。

两个成年人的体重，压在装有两根圆柱形木头、直径约1米的石磨上，边压边转圈走动。石头的直径和石磨底座的尺寸合起来的直径达到约1.5米。不停围绕着小小的圆圈走动，脑子里无法再有任何想法，是很不人性化的工作。我在年轻时有过相同经历，当时只想随着不停流动的云去往遥远的地方。即使后来出现了水车，也仍是一如以往的辛劳。

本文介绍的料理是用素面来代替醋拌小菜，作为小钵菜肴来食用，不管端给谁都会吃得很高兴。顺着盛放了素面的小钵边缘，往里倒入二杯醋[1]或者控制了甜度的三杯醋[2]，再添上较软的水溶黄芥末。虽然本身简朴，但据说这才是最符合素面起源的食用方法（在酱油发明以前就已存在于世间的《今昔物语集》中，记载了以醋为调味料、用黄芥末来增香的食用方法）。

以出汁为基础做成二杯醋和三杯醋，冷藏于冰箱常备。大夏天里做醋拌小菜时没有比它更便利的调料了。闷热的天气里暂时放下沙拉，黄瓜、裙带菜、素面、琼脂冻、泷川豆腐，用这些醋拌小菜来熬过苦夏吧。

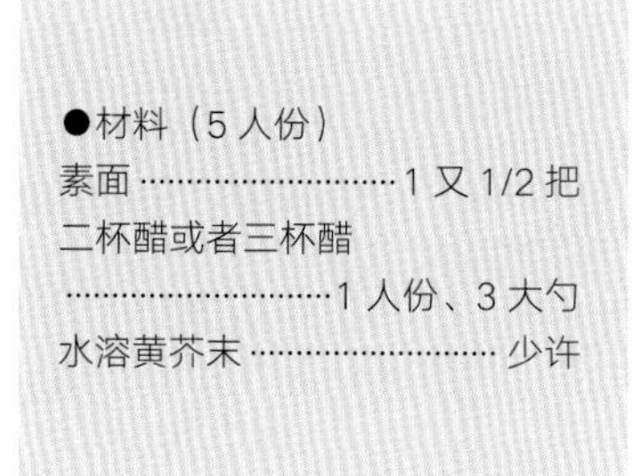
●材料（5人份）

素面……………………1又1/2把

二杯醋或者三杯醋

……………………1人份、3大勺

水溶黄芥末……………………少许

1　二杯醋：指醋与酱油调和后的调味料。通常混合的比例为1：1，如今也有醋：酱油=3：2，或者加了盐和出汁的二杯醋。

2　三杯醋：指醋、酱油与味醂调和后的调味料。通常混合的比例为1：1：1。如今也有醋：酱油：味醂=2：1：2，也有用砂糖代替味醂，或者加了盐和出汁的三杯醋。

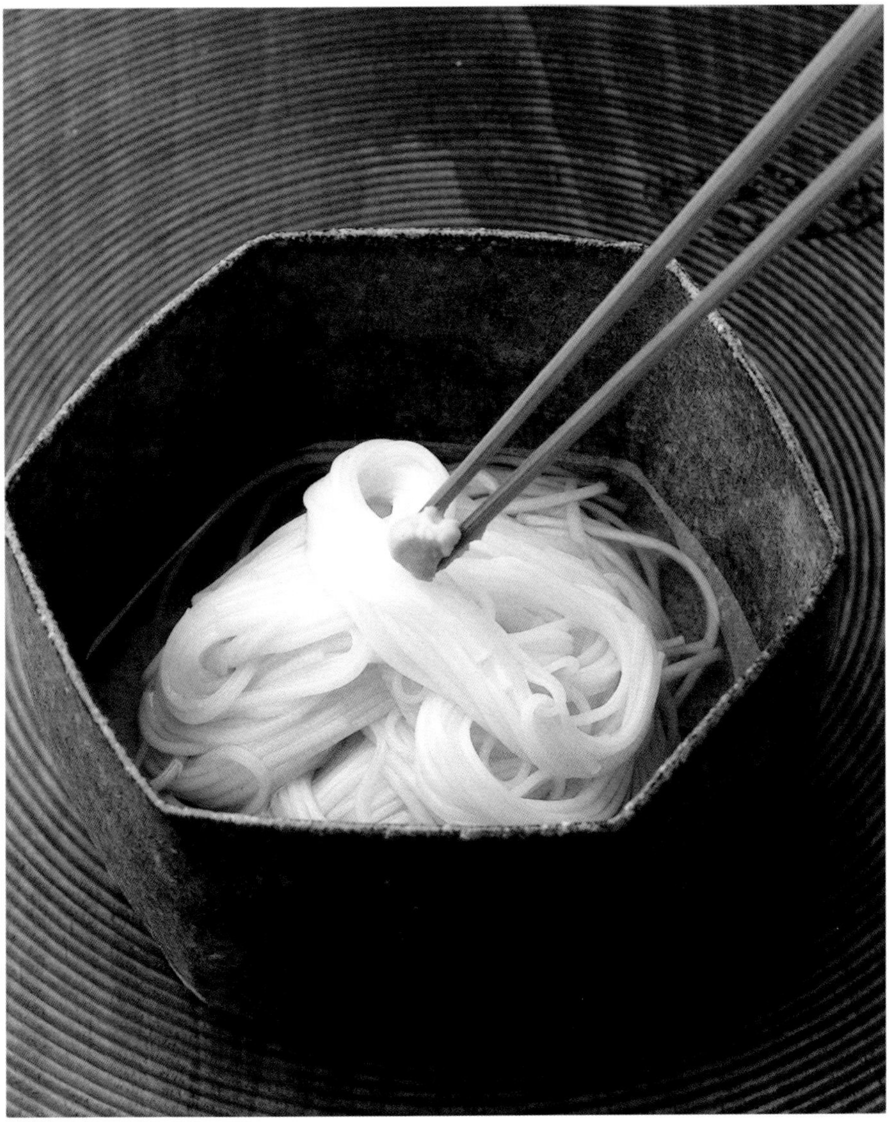

煮好的面冷却后再搓洗。
往出汁里添醋。

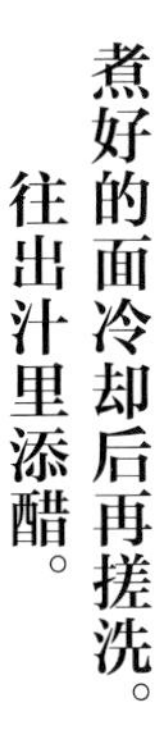

●做法

①提前做好二杯醋或者三杯醋，冷藏待用。配比根据调味料各自的特性来调配。我用的是天然酿造醋，因此即便做普通的醋拌小菜，也要用 3 倍的出汁来稀释后使用。需要直接浇在素面上时，将自己做的醋与蘸面汁混合，调成喜欢的口味后再享用。如果想用三杯醋的话，要记得稍微加点砂糖来增加少许甜味。不是简单地用出汁来稀释醋，请尝试痛快地把醋倒入出汁中。

②调配搅拌水溶黄芥末。

③煮素面。煮沸一锅水，将面散开放入锅中煮开，倒入 1/2 量杯冰水，与锅中的滚水混合。盖上锅盖再次煮开后关火，捞出放在沥水竹筛上，浸入冰水中。更换冰水，待面变凉时捞出来搓洗（因为素面在制作过程中使用了油）。再加入冰块冷却。

④装盘请参照前文。

●应用

温热素面

推荐日常食用的“煮面”。将连皮切成小段的茄子放入口味较浓的汤底里，煮到茄子变透明后，加入煮好的素面和切成薄片的茗荷，也是一碗很好的汤品。

基础番茄酱

养育意大利菜系之根 『基础酱汁』的代表

基础番茄酱（salsa pomodoro fresca）是意大利菜系里正宗的番茄酱。salsa是酱汁，pomodoro是番茄，fresca则代表新鲜。

选用盛夏里全熟的番茄，做出市售番茄酱无法比拟的自然清爽滋味，同时也让胃感到舒适的手工番茄酱。

作为后起之秀的意大利菜，如今也被日本人所熟悉及接受，甚至有人无法忍受吃不到意大利面和披萨。

这是否意味着用正宗配比来做意大利酱汁的人增多了呢？其实不然，这样的人反而比想象中少得多。我经常去外地城市演讲，发现即使是资深的专业主妇，自己动手制作这类基础酱汁的人，500人中甚至连10个都不到。

而邀请我参加活动的是在全国范围互相支持、渴望传播生活之爱的组织，它的分部都是由各地比较会生活的人组成。像制作番茄酱、煮味噌汤之类对他们来说其实并不算什么难事。

所以我希望大家今年能学会去做这款每到番茄成熟的季节，地中海人都会制作的正宗番茄酱。

我的心愿是希望读者通过自己制作，能够意识到“自己做原来没什么难度，自制的酱汁怎么都吃不厌。”“我们家的意大利面和披萨最好吃！而且又经济实惠。”

我多次强调“正宗”，是有原因的。意大利菜系的基础调味里，有着五种不可动摇的酱汁（参照60页）。番茄类的四种和牛奶类的一种。这五种概括起来，就是意大利人所说的“salsa madre（基础酱汁）”。请试着将“r”这个字母发出卷舌音，是不是感受到了一种温馨的生活气息？

这些酱汁的底蕴和扎实的口感，就像母亲给人的感受，毋宁说这些酱汁促使了意大利菜的产生和发展。其中最典型的便是基础番茄酱，它能够将意大利面、蔬菜类、米、豆子、鸡蛋、鱼和肉，所有这些材料都烹调出美妙的滋味。所以能否自己制作这个酱汁，几乎是关乎一生盈亏的事。

所用到的具体材料如下文所示，其中没有平时难以入手的材料。

番茄酱的要点是洋葱和番茄的品质良莠，以及橄榄油的使用。要充分理解烹调西式料理成功与否很大程度上取决于洋葱。近年口味更接近水果的番茄不断涌现，但对于料理，有时过犹不及，要仔细斟酌。

●材料（约4杯份）
新鲜番茄……1kg
大蒜……（拇指大小）1瓣
洋葱……150g
新鲜罗勒叶……3片
黄油、橄榄油……各2大勺
●盐、砂糖、胡椒

只要有上好的洋葱和番茄，
加上橄榄油蒸炒后就能很快做好。

●做法

①将大蒜和洋葱切成碎末。日本的大蒜和洋葱据说气味比较强烈。意大利一位制作酱汁的名人费楠茉・马里奥（finamore mario）是把大蒜和洋葱碎末一起用布包好，在水里漂洗后再使用。我感觉这样做确实减轻了气味。

②用黄油和橄榄油蒸炒切好的大蒜和洋葱末。开小火，用锅盖，炒出洋葱全部的鲜味。

通过这个炒法来奠定酱汁的味道。据马里奥先生所言，要把洋葱炒到“变成黄金色”。

③剥去番茄皮，取出番茄籽后将番茄切成小块。和罗勒叶一起加入炒好的大蒜和洋葱末中。

给番茄去籽时，把番茄横向一刀切开后比较好操作。成熟的番茄种子四周包裹着美味的汁液，不能浪费它们。把漏网放在过滤碗上，放上挖出的番茄籽，把滤出的汁液倒入锅中。

④煮开后加入一小勺盐、砂糖（根据番茄的甜度调整）适量和胡椒来调味。中途撇去浮沫，慢炖 20—30 分钟即可。熬煮番茄酱就是这么简单。

* 酱汁的用法

①煮熟 80 克意大利面（干燥）后，用浅浅 1/2 量杯番茄酱拌匀。

②添入煎蛋卷中。

③加入鸡肉焖饭里。

④用来煮肉饼等。

七月

南法风味煎番茄

熟知本性 方能活用味道

这是发生在明治初期，番茄还被叫作红茄时的故事。

当时祖父投身于日本军港和军舰的建设中，很少有空闲的时间。有时候闲下来怀念曾经背负国家使命远赴他乡的时光和挥洒过青春的法国，便会做当地的料理。

当时祖父辛勤工作的地方位于普罗旺斯的土伦，自然就做起了普罗旺斯当地的菜肴。这就是本次要介绍的“南法风味煎番茄”，是一道正统的地方菜式。

“父亲大人的煎番茄”盛在西式餐盘，那天的一餐完全脱离了平日味噌和酱油的香气。闻到酸甜的番茄与牛肉浑然一体的香味，有的孩子迫不及待开动，也有的摇着头不肯动筷。

当时在厨房里不可思议地盯着红茄、不敢使用牛肉糜来与之配成菜肴的也大有人在吧。还有一个疑问，在百余年前那个久远的时代，要通过怎样的途径才能入手橄榄油和被称作西洋醋的红葡萄酒醋这些调味料呢？

这道菜就做法而言极其简单，连中学生都能上手。但是关于它的本味，却有着诉不尽之处。

只是照搬一道地方特色菜肴的滋味，实在是件无趣的事。唯有与那道料理本身的精髓所相逢时那种生机勃勃的雀跃感，才是人们追求的，仿佛眼前浮现出南欧清澈蔚蓝的天空和格子花样的桌布。更准确地说，应该是只有在那种风土人情里生活过的人才能展现出来的东西吧。

常年做这道菜，我深深感受到当地人对番茄本性的谙熟。所谓番茄的本性即物的本性，用“少了它就不成立”来考虑，就很容易理解。

比如夏天的沙拉，没有番茄的点缀便会失去红色和酸甜味道的起伏；没有裹上番茄酱汁的意大利面和不用意式番茄酱的披萨，都令人无法想象；用骨头和肉制作的西式酱汁的油腻感，除了番茄还有什么能够将其缓解呢？

马赛海鲜汤的口感是由米饭的底味、鸡蛋菜肴的变化以及澄澈的汤汁等决定……所有这些味道都必须基于番茄的存在才能烹调出来。

这道菜的精髓，是把用橄榄油炒过后稍加熬煮出的番茄汁，与炒过的牛肉糜混合，再唰啦一下淋上红葡萄酒醋，将整道菜肴漂亮地烹调出来，是属于普罗旺斯人特有的方式。

近年，因为人们倾向于生食番茄，于是出现了很多口感上接近水果的种类。其中有些并不适合烹调成菜肴，请加以留心。

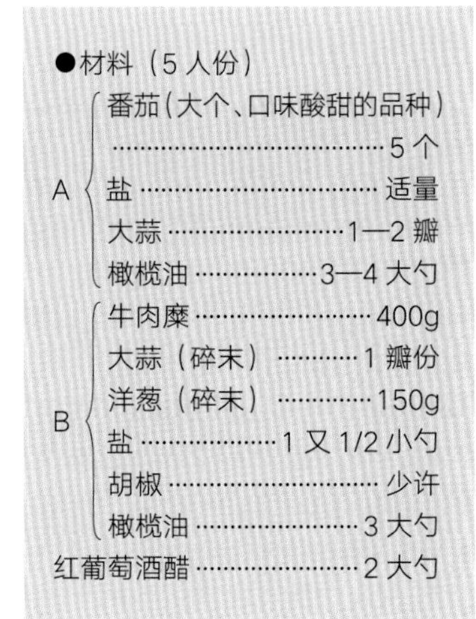
●材料（5 人份）

A
- 番茄（大个、口味酸甜的品种）……5 个
- 盐……适量
- 大蒜……1—2 瓣
- 橄榄油……3—4 大勺

B
- 牛肉糜……400g
- 大蒜（碎末）……1 瓣份
- 洋葱（碎末）……150g
- 盐……1 又 1/2 小勺
- 胡椒……少许
- 橄榄油……3 大勺

红葡萄酒醋……2 大勺

唰啦一下淋上红葡萄酒醋来收尾，
上演一出南欧的『雀跃感』好戏。

●做法

①番茄蒂用小刀挖出，横向按照四六分切开（靠近蒂的部分较难熟，所以上半部四分）。切口撒上少许盐。

②将 B 中的橄榄油倒入锅中，将蒜末和洋葱末炒到没有辛辣味，接下来加入牛肉糜，最后放盐和胡椒，炒熟后盛入盘中。

③步骤②的锅壁上仍然残留着肉汁，要充分加以利用。倒入 A 的橄榄油，先把番茄切口朝下放入锅中，煎的程度大致为切口的一面三分熟、翻面七分熟。锅中放入番茄的同时，将大蒜切成薄片一起加进去。番茄翻过来时已经开始变软，汤汁渗出后，把番茄移到锅边，同时也倾斜锅子使番茄汁也流向锅边。

此时将炒好的牛肉糜入锅，边加热边使肉糜与番茄汤汁混合，把红葡萄酒醋沿着锅子边缘注入，调味收尾即可。使用直径 22 厘米的锅，可以一次煎两人半份。

盐渍黄瓜、芝麻醋拌黄瓜

凉爽的避暑良方
家庭协作的好光景

穿过清晨木槿花盛开的庭院，采摘被露水打湿的黄瓜和番茄来准备早餐。

挑选其中约10厘米的小黄瓜，配上喜欢的味噌，咔嚓咔嚓吃下去——在遍尝了各种加了黄瓜的沙拉后，我仍然最中意用味噌来蘸食黄瓜，这一点连自己都觉得奇怪。也常常庆幸能品尝到日本黄瓜清脆的嚼劲和清凉的香气。

咚咚、咚咚，日落时分的散步路途中，总能听到各家在做拌黄瓜的声音。细致的声音，不慌不忙的声音，还有着急的声音，让人不由担心倒入的三杯醋会不会过酸。

我们在夏天总会不自觉想要吃一些腌菜、醋拌菜、沙拉和炖煮老黄瓜，自然地拿黄瓜来做各种当季菜肴。这个“不自觉”的动作，其实包含着一定道理。所有的瓜类都具有辅助肾脏功能和利尿的作用。“不自觉”地选择吃瓜类，其实是为了让身体适应高温多湿的风土环境的一种潜意识行为。我会用黄瓜泥、茗荷、果汁醋拌紫苏花穗代替萝卜泥使用。不仅利于消化，也便于制作，以一个人一根黄瓜的量来搭配，很轻松。

本文介绍的芝麻醋拌黄瓜，是盐渍黄瓜的一种延展。大家一般会用鲣鱼花、小杂鱼和贝类等与黄瓜做成不同风味的菜式，但这道芝麻醋拌黄瓜有着与它们不同的别致风味。重要的是，认真对待盐渍黄瓜，能品尝到真正的美味。反之，将黄瓜随意切成薄片、加盐揉搓、水洗，用力挤干水分，这样做就把黄瓜的优点舍弃掉了。请重新去发掘一下黄瓜的好处。

用芝麻醋凉拌有个麻烦需要解决，我的外祖母有个好办法。芝麻醋凉拌菜选用的材料大多为富含水分的蔬菜，黄瓜和茄子就是其中的代表。但这些蔬菜经过凉拌都会缩水。这次我要介绍的方法可以让蔬菜避免缩水：往凉拌调料里加入一个捣碎的水煮蛋的蛋黄。

水煮蛋的蛋白一般不会用在凉拌土当归和茄子里，但切碎的蛋白与拌黄瓜混合则完全没问题。我喜欢这种物尽其用的方式。

芝麻醋是把醋倒入基础芝麻酱里而成。多制作一些基础芝麻酱备用，既方便又实用。直接用现成的芝麻酱似乎更便利，说起来可能与时代逆行，但是请想象一下家人其乐融融围坐研磨芝麻的场景吧。所有的纽带都因缘分而牢牢维系。手脚并用，一起品尝同一种食物的滋味，这应该是一种难能可贵的缘分。

●材料＝芝麻醋拌黄瓜（5人份）

黄瓜……3根

盐……适量

基础芝麻酱

- 熟白芝麻……1量杯
- 盐……满满1/2小勺
- 本味醂……4大勺
- 薄口酱油……3大勺
- 砂糖（根据喜好）……少许

芝麻醋

- 基础芝麻酱……3大勺
- 水煮鸡蛋的蛋黄……1个份
- 醋……2—3小勺

做好盐渍黄瓜，加入煮鸡蛋来解决缩水的难题。

●做法

①准备凉拌调料（基础芝麻酱）：熟白芝麻研磨成黏稠状后，把调料加入芝麻酱中，一杯熟白芝麻可以做成可供4—5人享用4次左右的凉拌调料。

制作芝麻醋时，取3大勺上文的基础芝麻酱，加入一个捣碎的水煮蛋的蛋黄。边观察芝麻酱的样子边淋入醋。

②刨去黄瓜蒂部分的皮，使之呈条纹状。用盐均匀涂满黄瓜，放置2—3分钟。尝一下黄瓜皮表面浮现的水滴，感觉过咸时洗掉黄瓜表面的盐分。将黄瓜切成约2厘米的薄片。把切好的黄瓜轻轻挤掉水分品尝味道。感觉盐分不够时，再撒上适量盐。放置片刻后，将黄瓜片分两次包入布巾控干水分，这样做可以保留黄瓜的香气和脆脆的口感。控干水分的黄瓜片冷藏待用。以上就是基础盐渍黄瓜的做法。

③将水煮蛋的蛋白切成同等大小的形状。

④往芝麻醋里加入黄瓜和蛋白拌匀。

炸茄子

支撑我们饮食的成长力 食用方法各异其趣

俗语有言："双亲的意见如茄子之花，一千朵里朵朵有用。"茄子枝上只要开出紫色茄花就会结果。七月初到夏末这段时间，若勤加照料，茄子会和秋风一起恢复活力，长成带有独特风味的秋茄。

茄子在史前时代的印度就被当成是栽培蔬菜，传入日本以后，虽并不完全确定，据说在正仓院的文献《茄子献上》中被首次记录在册。

从十七世纪初的《农业全书》中记录了茄子的品种以来，茄子的品种经过不断改良。有趣的是，有河流的地方往往培养出了美味又有名的茄子品种。

虽然在营养学层面未曾得到证实，但像茄子这样凡开花必结果的特质，或许正证实了其具有便利当地人生活的特性。比如瓜类一直被人们频繁地食用，在营养学上也并没有得到论证，但在它们的成分中，包含着滋养肾气的成分，能消除日本夏天高湿度的环境带来的水肿。

所以就像西瓜和冬瓜一样，人到了夏天就想把黄瓜做成醋拌菜来食用。

在蔬菜中鲜有如茄子般吃法多样的食材，连白萝卜都要甘拜下风。

从直接生制成腌渍咸菜、新鲜时烹制，再到保存储藏，茄子的烹调方法不下十种。适合这个季节的食用方法，是把在米糠里腌过的小个紫茄，放在碎冰上，淋入芥末酱油，搭配冰镇的清酒，一天的疲惫立刻消散。还有吃不厌的烤茄子和油煎茄子。茄子跟味噌酱也是绝妙的搭配。用柳川式做法与泥鳅一起烹煮的凉凉的煮茄子汤又可以品尝到别致的风味。茄子还是精进料理[1]中不可或缺的油炸蔬菜，可以用来烹调日式、西式和中式各种菜肴。茄子咖喱更是一道消夏佳品。在眼花缭乱的菜式中，容易被忽视却又能让人感到满足的是炸茄子。

近年的茄子皮虽然更硬，茄肉本身却突然变得柔软多汁，按照以前煮茄子的做法甚至可能吃不到茄肉。因此，现今的茄子最适合用油炸的方法烹调出美味口感。如果将茄皮纵向刨下做成金平小菜，整个茄子肉用来油炸，不管是皮还是肉都能保持原本的味道。

刨去中等以下个头的茄子皮，整个茄子入锅油炸，我非常喜欢那种外皮酥脆、中间绵软的口感。将大个的茄子切开再油炸当然也可以。蘸汁可以选择用臭橙等柑橘做成的醋酱油，或者刺激性较小的伍斯特酱汁。

●材料（5人份）
茄子……………………………10个
盐水（类似清汤的咸度）
……………………………………适量
小麦粉…………………………适量
鸡蛋液（鸡蛋1个用2倍水稀释）
面包糠（自制的最好）……适量
油炸用油………………………适量

1　精进料理：日本基于佛教戒律的素食料理。避免杀生与使用刺激的食材。即所有动物性食材，以及蒜、葱、荞头、韭菜、洋葱都是禁忌。旨在通过料理唤起人们对食物与自然的爱惜之情，传达禅意。

去皮后整个油炸，外表酥脆、中间绵软。

●做法

①将盐水分别倒入小深盆和大深盆中，小深盆用来浸泡茄皮。

②去除茄蒂。

从茄蒂处开始往下，尽可能均一地将茄皮刨下。每刨下一根茄皮就将茄子浸一下盐水，再继续刨。所有的茄皮都浸入小深盆里的盐水中。

刨去皮的茄子浸入大深盆的盐水中2—3分钟，取出沥水。用布擦去表面的水分。

需要边浸盐水边刨皮，是因为接触刀口的部分会马上变色。如果中途不浸盐水，等皮全部刨去后，茄子表面会发黑，哪怕浸入盐水也无法消除。

③刨皮后，撒上小麦粉，裹上鸡蛋液，轻轻挤压沾上面包糠后油炸。

盛入温热的盘子也是确保味道的方法。

将茄皮从盐水中捞出后用水洗干净，充分晾干水分。

切成1.5厘米小丁，用油炒过后做成咸甜味的金平小菜。

烘肉卷

品相华丽却不费力 暑期的聚餐最相宜

孩童时期的记忆零星散乱，大多无法用语言描述。忽隐忽现的模糊记忆好似夜空里闪烁的星星，在人生路途中常伴左右，鼓励人们不断前行，我想这或许就是记忆的神秘之处吧。

暑假是美好回忆的宝库。有自制的余兴节目简直再好不过了。比如全家总动员排练话剧，邀请亲近的人来共赏。如果要上演像“七匹小羊”这样的剧，还能让小宝宝一起参与。自己排练的话剧，尽兴过后亦不会感到空虚，留下淡淡的温暖余韵。因此不管是对演员还是对观众来说都是终生难忘的体验。如果还有美食相伴，那就是一场满分的余兴节目。

准备聚会活动的餐食，不出错的方法是尽量做自己习惯的食物。比如烘肉卷，它其实是肉饼的另外一种形式，孩子们应该都喜欢，做法也很熟悉。比起要一个个煎好、大量提供的肉饼，不如做一大个鱼糕形状的烘肉卷，省时省力，华丽的卖相又很适合聚会。

为了做出美味的烘肉卷，让商家按肥肉一成的占比来绞出肉糜较合适。因为脂肪过多肉会收缩，太少则肉质过硬。

这道烘肉卷的做法抑制了肉腥味，且口感绵软。第一要用新鲜绞好的肉糜，通过加入香菇碎末来抑制肉腥味，带出肉本身的鲜味。不加鸡蛋，把自制的面包糠用牛奶浸湿后加入肉里。不用煎锅，而是放入烤盆内烤制。最后边涂基础番茄酱（salsa pomodoro fresca，参照48页）边烤，从而使烘肉卷口感变得软嫩。

食物的味道，是通过层层叠加、循序渐进地激发食材本味。对烘肉卷来说，酱汁必不可少。把今天用开水烫过后切成条状的培根，与昨天做好的基础番茄酱混合，加入烘肉卷中。

如果是年轻人之间的聚会，把鸡肝处理干净加入酱汁里，也让人满足。

用来搭配的菜可以是土豆、煎四季豆和甜煮胡萝卜之类。

前一日多准备一些烘肉卷，隔天可以做成汉堡包来享用。剩余的酱汁和水煮四季豆（罐头）等食物，撒入辣椒粉一起炖煮，就能做出时下流行的辣味汉堡了。

用紫苏饭团等主食来给西式菜肴收尾，是更好的选择。用米糠咸菜当成随餐小菜当然无可厚非，也可以在盘中铺好碎冰，摆上咸荞头和芥末腌茄子等，来配合大人们的口味。

●材料（5人份）

A
- 牛肉糜……600g
- 洋葱（碎末）……150g
- 香菇（碎末）……1/2量杯
- 面包糠（自制）……2/3量杯
- 牛奶……1/2量杯
- 盐……1小勺
- 肉豆蔻……1/2小勺

基础番茄酱（或市售的番茄酱）……1/2量杯

色拉油……少许

使用肥肉占比约一成的肉糜，
涂上特制调料烤出绵软口感。

●做法

①把材料A直接混合而不用手搅打，静置15分钟，使面包糠吸收肉的水分。

②烤盘内壁刷上色拉油，将静置后的材料A整理成梯形块状放入烤盆内。

③烤盘放入已充分预热好的烤箱中间层开始烤制。表面凝固后，涂上基础番茄酱后继续烤。应该比想象中烤得更快。如有必要则中途再次涂抹基础番茄酱。竹签刺入肉中如有清澈的肉汁流出，说明已经烤制完成。从烤箱中取出烤盘，覆盖铝箔纸以防止变凉。

* 制作蘑菇酱汁

将150克用开水烫过后切成条状的培根倒入锅中，开小火炒，倒掉炒出的油分。加入1/3个切成2毫米宽的洋葱、8个已水煮后去涩的蘑菇、4个切成薄片的香菇、一杯半基础番茄酱和3大勺红葡萄酒一起炖煮。加入水淀粉勾芡。

西式炖煮蔬菜

下饭的自然之味 可作为调养餐或断奶食物

西式炖菜（ragout），以慢炖肉和鱼类为代表。本文介绍的料理是将几种涩味较少的蔬菜蒸炒过后，加入番茄一起做出一道充满自然风味的炖煮蔬菜，是一道不添加荤腥的纯素食菜肴。配方主要来自热情的食物研究家、日本女子大学的东佐与子女士。

正因为是乍看之下很普通的料理，材料的选择、食物的处理，也即切法、锅的质地和炉灶火势的调整都很重要。比如选择淡路产的洋葱，土豆要用煮过后口感变绵软的品种，盐要选用天然盐，油则要用特级初榨橄榄油，大蒜的芯和长出芽的部分要剔除等。

切法请参照下文做法的步骤。根据材料切成不同的大小，是为了弥补煮熟不同材料所需时间不同而产生的差异，可以确保煮出来的蔬菜口感均一。这些只要掌握好，可以不必生搬硬套食谱的内容。

另一个关键点是盐的用法。将所有的蔬菜倒入锅中，先放入约为总量2/3的盐，以增添蔬菜的底味，防止炖煮过程中煮烂。若最后加盐，则无法激发蔬菜本身的鲜味。

因为是炖煮蔬菜，可以加入鸡、小牛肉和鸡蛋料理等，将这些材料一起炖煮后再装盘。但是我更推荐用散发着新米香气的日本米来与之相配。白米饭也好，淡淡的番茄饭则更佳。

配菜可以用欧芹蛋花汤、新鲜卷心菜和茗荷、把酸橘用力挤出果汁淋入盐渍紫苏穗中作为沙拉。炖煮蔬菜和盐渍菜都提前一晚备好，可以为星期天的早午饭补充蔬菜。如果是女性朋友们的聚会，再多做一些前菜和甜点也不错。

多做几次，多品尝后，应该就会发现这道炖煮蔬菜也适合不同类型的人。比如做成适合咀嚼吞咽困难人士的流质食物。因为像这样炖煮到可以用叉子背面轻轻压碎的柔软程度，极其利于吞咽。也可以与粥和燕麦片一起进食，能补充蛋白质。

蒸炒的烹饪并非日本传统，但对病人或断奶期间的婴儿来说，却是不可或缺的烹饪手法。像流质食物和浓汤之类的都应该考虑蒸炒这一基本手法。这道炖煮蔬菜如果能对流质食物的改良起到帮助，我会非常欣慰。

●材料（5人份）

材料	用量
土豆	500g
番茄	200—250g
卷心菜	4片
洋葱	150g
胡萝卜	100g
西芹	100g
四季豆	100g
大蒜	（拇指大）1瓣
月桂叶	1片
橄榄油	4大勺
盐	1又1/2小勺—2小勺

为确保煮好的材料口感均一而采用的切法。先加入一部分的盐，防止煮烂。

●做法

①大蒜切成碎末。洋葱切成约 1 厘米的小丁，土豆切成约 1.3 厘米的小丁，胡萝卜和西芹切成土豆一半大小的丁，卷心菜撕成比土豆略大的块状。四季豆水煮后切成 1.5 厘米长的小段。

②将一半的橄榄油倒入较厚的锅中，加入月桂叶，用小火蒸炒洋葱和大蒜。

③待洋葱的刺激气味基本消失，加入剩下的橄榄油，将胡萝卜和西芹倒入锅中混合。待变软后加入土豆，观察土豆产生透明感时，倒入卷心菜和四季豆，并加入约总量 2/3 的盐。如锅中水分不足，可不停补充 1—2 大勺水继续炒。

④锅中的蔬菜蒸炒到七分熟变软时，加入切碎的番茄块，炖到所有的菜都变软。最后加盐调整味道即可。

* 番茄饭的做法

用一大勺半的橄榄油将 4 大勺的洋葱煸炒，再补加一大勺半橄榄油，加入 3 杯淘好的米，至少炒 5 分钟。

加入 2/3 量杯番茄块，像淘米般翻炒。

倒入 3 杯半汤、一小勺半盐，之后煮成番茄饭。

玛丽亚娜番茄酱

就近取材，因地制宜 自然而然地去除生腥味

在前文中我以基础番茄酱（salsa pomodoro fresca）为例，介绍了意大利料理中五种被称为“salsa madre”的基础酱汁。这五种酱汁的具体的内容在这里略述一下。

基础番茄酱（salsa pomodoro fresca）请参照前文 48 页。

玛丽亚娜番茄酱（salsa marinara）主要在烹调鱼类和披萨时使用。

波隆那肉酱（salsa bolognese）是发源于意大利博洛尼亚地区的肉酱。蔬菜和番茄用量超过肉用量数倍，是一种追求健康的肉酱。

那不勒斯番茄酱（salsa napoletana）以小牛骨、整块牛腿肉、牛筋等与蔬菜和番茄炖煮而成，适于多种菜肴的烹制。

奶油酱（salsa cream）可以将其看作是白汁的同类。

这次考虑“丰富大家的餐桌”，挑选玛丽亚娜番茄酱来介绍。

请你们先观察一下材料表。用来搭配番茄的都是些不起眼的材料。虽说如此，用这样简单的材料就能做出的酱汁，每每让我惊叹不已。

这个酱汁当然是由居住在拿坡里周边的人们创造并发展至今。十六世纪，经由安第斯山脉运来的番茄，在火山灰堆积地区经过改良，演变为今天的番茄。油浸鳀鱼用的是盐渍后的鳀鱼，融入了大海的风味。对番茄了如指掌，也习惯吃鳀鱼的人并不少见，但让人称奇的，是把带腥味的鱼和番茄一起炖煮的想法和做法。将油浸鳀鱼用大蒜风味的橄榄油煸炒，去除鱼腥味，让令人愉悦的鱼香味和咸鲜味渗入橄榄油中，此时加入大量香喷喷的罗勒，再注入白葡萄酒——通过这样寻常的做法，就能去除鳀鱼的腥味。选择自己周边现有的材料，因地制宜，恰如其分地加以利用，就能够与番茄融为一体。这并不是理所当然的事，而是一种令人感动的创造力，是工作中的坚持和韧性所成就的。

日本也有鱼露，但用法大体都限定在了酱油的领域。我们在激发食物的特性时，也需要遵照原则和保持创造力。

左右酱汁滋味的是油浸鳀鱼的质量。我爱用的是意大利产的密封玻璃瓶装鳀鱼。如果很难买到优质的鳀鱼，可以“咸海胆”来代用。以前我问过意大利大厨是否可以这样做，他没有反对，说“这个也很好”。

大多数家庭都很喜欢用这个酱汁做的披萨（如图）。常备这个酱汁，用上优质的吐司，可以做成点心、夜宵，在啤酒会上享用。当然也很适合用来烹煮意大利面和炖煮鱼汤等。

●材料（约 4 杯份）
新鲜番茄（水煮番茄罐头也可）
………………………… 800g—1kg
大蒜（拇指大）……………… 1 瓣
油浸鳀鱼 ……………… 1 又 1/2 条
欧芹（碎末）……………… 2 大勺
白葡萄酒 ……………… 1/3 量杯
橄榄油 ……………………… 1/3 量杯
●盐、胡椒
（用作专门的披萨酱时，添加 1/2 小勺牛至粉。）

注意别把鳀鱼炒焦，加入大块番茄后炖煮。

披萨吐司的做法是把吐司稍加烘烤后，涂上黄油。这样做是为了防止酱汁过度渗入吐司内部。配料可以选择自己喜欢的食材。

●做法

①锅中加热橄榄油，煸炒切成薄片的大蒜。待大蒜变成小麦色时取出。

②将鳀鱼倒入步骤①的锅中。鳀鱼在热油里汤汁迅速化开，释放独特的香气。这个过程大约持续 20 秒。呼气吸气约 3 次的时长后即算炒制完成。注意不要炒焦。

提前备好湿抹布，把热锅放在抹布上调节温度更佳。

③把欧芹碎撒入步骤②的锅中。一瞬间香味会扑鼻而来。加热时间以秒为单位计算。因为很容易变焦，跟步骤②一样，锅底在湿抹布上降温则效果更佳。

④将白葡萄酒注入步骤③的锅中稍煮片刻。加入去皮去籽后切成块状的番茄，用一小勺盐和胡椒调味，煮约 20 分钟。

* 由于是一个需要一气呵成的烹调过程，必须提前把所有材料归拢在手边待用。

暑期烤牛排

日落时分的红色炉火 让人忆起百年前的烧烤之景

本文模仿暑假里孩子的日记体风格书写。

八月六日 晴

傍晚的风 洒水 紫茉莉的香气 纳凉台 浴衣 烟花

我家暑假的活动从烤大牛排开始。平时吃烤肉都是一人一薄片，每到暑假就会让大人把相册般厚的牛排烤熟再分成小块。

爸爸很会生火。纳凉台和烟花就是我们小孩的节目啦。妈妈把切成笔尖般的蒜片插进牛肉里。“一定要这样放上半个小时。随便把肉从冰箱里拿出来就烤，那样可烤不出好吃的牛排哦。”妈妈说。我心里也是这么想的。

蔬菜也会准备很多种。我最喜欢玉米，第二名是西班牙冷汤。淡绿色玉米皮、褐色玉米须散发光彩，吃下午小点心的时候把玉米浸入盐水里。等到快要开始烤的时候，将玉米的尖头朝下甩干盐水。因为烤玉米时有皮的保护，就能烤出软糯的口感。我吃过很多不同的烤玉米，这个最好吃。听说是阿姨跟美国回来的堂姐学来的方法。

番茄一般都做成沙拉，今天喝的是西班牙冷汤。姐姐用心榨出番茄汁，把它做成了冷汤。我们喝着西班牙冷汤吃着肉，再啃啃玉米。

“来，我们开始烤肉吧！”这个牛排的烤法是爸爸跟爷爷学来的，而爷爷又是跟他的爸爸学来的。一百多年前，爷爷将在法国学到的做法跟日本的酱油结合，在家里做了大块的烤牛排。所以爸爸总会把烤好的肉切开再分给我们。

肉表面呲呲的焦香味，是在烤过一遍后，放入酱油里腌渍一下再继续炙烤时飘来的香味。我们忍不住流起口水，而即便烤好之后也不能马上享用。要放在预热过的大盘子上让肉汁慢慢安定下来。

马上开始切肉了。外层焦香，内部是粉红。可以浇上一点腌肉用的酱油。

每咬上一口厚厚的肉都觉得嘴里充满了香气。

除了牛肉以外，还有羊羔肉串。肉之间夹上香气浓郁的迷迭香，撒上盐和胡椒后再烤，因此散发着原野的香味，淋上薄荷酱汁，味道焕然一新。

让人忍不住想象起百年之前，人们在天黑后生起熊熊篝火来烤肉的画面。

●材料（5人份）

牛腿肉（厚度2.5cm—3cm 重量约800g）……1块

大蒜……1—2瓣

盐、胡椒……各少许

酱油……满满1/3量杯

玉米以及其他（按喜好添加）……适量

炭火

蒜片插进牛肉里放置于室温下。
肉烤熟之后切勿马上切开。

●做法

①从冰箱中取出牛肉回温。纯瘦肉静置约半小时，带油脂的肉放置 15 分钟（回温时间太久会导致烤肉时脂肪融化）。

②把大蒜切成 3 毫米的尖头条状，用锐利的刀在牛肉上割开口，将大蒜塞入刀口里。800 克肉上面需要割开 10 处左右。把盐和胡椒抹在肉的表面，用手揉搓使得调味料入味。

③烤网表面用肥肉擦过，放上肉开始烤。待牛排两面均产生焦色时，将牛排浸入酱油中再烤，烤肉的总时间控制在 5—7 分钟。

④严禁把刚烤熟的肉切开。将肉放在预热过的盘子里，覆上铝箔纸之后静置 10 分钟，使肉汁安定后再切开。如果没有这一步骤的处理，肉汁会渗出来，导致鲜味流失。

⑤整块肉切开之后，淋上少许腌肉用的酱油，能品尝到那种一人一片的烤肉无法比拟的滋味。

* 肉的烧烤熟度

希望大家以自己喜欢的熟度来烤肉。烤肉的时候，表面渗出肉汁说明肉已充分接触火，以此为信号把肉翻面。

西班牙冷汤

如嚼似饮
凉爽之味让人欲罢不能

“西班牙冷汤！”竟有能让人神清气爽的生番茄汤啊——三十五年前，我第一次从西班牙人那里听说了此汤，他们对自己的祖国颇为自豪。可惜打听了几次都未询得此汤的食谱。我只好试着询问身边的西班牙传教士，得到的答案也是形形色色。

巴伦西亚人说：“我不知道可以喝的冷汤。我知道的都是吃的汤。”而加利西亚的人则表示“用生蚕豆做的汤更好喝”“用杏仁也能做汤哦”之类。对西班牙冷汤的认知似乎也不尽相同。

这让我完全迷失在对西班牙冷汤的想象中。终于有一天，出生于巴斯克的传教士阿基尔先生在修道院的厨房里，教会了我如何制作这道西班牙冷汤。照理说西班牙冷汤的故乡是安达卢西亚，我却跟地理位置完全反方向的巴斯克人学习，心里难免有一丝不安，但还是很感谢热情的阿基尔先生。

研磨钵里放一小勺盐，加一瓣大蒜，倒入蛋黄研磨，再倒入橄榄油研磨，之后加入吐司，研磨出带黏性的液体，这就是底汤。此时为避免产生结块，番茄汁分少量多次倒入，将钵中的液体继续研磨均匀。

阿基尔先生的这个做法是家传秘方，大蒜和盐的组合，不但便于研磨，大蒜刺激的味道也惊人地变柔和起来。再者吐司充当了吸收和转移橄榄油的角色，避免了番茄和橄榄油相斥的不快感。以上的秘诀请一定要充分地活用。

西班牙南部的安达卢西亚。蔚蓝色的天空下，三角梅和京久红忍冬牢牢地攀爬在古城的墙壁上，连绵不绝地盛开。此地的特色菜肴多为助人恢复精力的食物，同时又保持清爽口感，让人欲罢不能。冷汤可能就是其中的代表，又尤以塞维利亚的冷汤最为优雅。我很幸运曾在塞维利亚的星空下，被这道优雅的冷汤治愈了干涸的喉咙，捕捉到了其美味的精华。

本文要介绍的冷汤，是用阿基尔先生曾经教授的方法来表现塞维利亚式的优雅。不同文化的味道通过书面来介绍，虽有其局限，但我认为我们的夏天是不是也该吸取一些别的文化精髓呢。

食用起来可能会有人说:“这不是和沙拉以及果汁一样吗？”不不，并不一样。曾经卧床不起的父亲，喝完这道冷汤后，心满意足地朝我微笑。那时父亲的微笑就像闪烁的星星般，至今仍然是我烦心日子里的安慰。

●材料（5 人份）

露天成熟番茄……………………1.5kg
大蒜………………………1 又 1/2 瓣
蛋黄…………………………………2 个
优质橄榄油…………1 又 2/3 大勺
吐司去边…………………………1 片
盐……………………1 又 1/2 小勺
柠檬汁或者柑橘类果实的榨汁
（根据喜好）…………………少许
配料
黄瓜、青椒、番茄、洋葱、吐司
等（各切成约 5mm 的小丁）
…………………………各约 2/3 量杯

把大蒜和盐一起研磨，
加上吐司做成底汤。

●做法

①番茄去皮，横向对半切开去籽，挤出汁。番茄籽用万能漏网滤出汁，与番茄汁混合（约 5 杯），冷藏待用。

②按照正文所述，将各种材料放入研磨钵里研磨（加入总量中的一部分盐）。

③小心将番茄汁倒入步骤②中的研磨钵，继续研磨均匀。加入盐调味，如有必要也可以用柠檬汁和冰水稍加稀释。我喜欢不稀释的版本。

④配料可以兼当香料使用，黄瓜的香气和脆脆的口感、青椒的香味都很不错，如果喜欢也可以加入西芹。

如嚼似饮的凉爽汤品。聚会时用冰块在容器外面围上一圈更好。

●附记

就像我前文所说，此道冷汤做法形形色色而无定规，因此调整用料后同样适合于幼儿和病弱者。我为父亲制作这道冷汤的时候就没有加入刺激性的食材。

不使用搅拌器的理由，一是因为做出来的成品不尽相同，二是对我而言，研磨钵和马毛漏网才是世界上唯一的工具。

番茄果汁

眺望夏日的云彩 喝一杯自制的养气果汁

白色紫薇花垂落下来的花苞里含着露水，在风里慢慢摇动——

厨房小小露台上的早餐，从自制的番茄果汁和香气四溢的吐司开始。大口喝下带着柠檬香气的浓厚果汁，咬上一口脆脆的吐司，再喝一口果汁——这种重复叫人舒心，思绪不自觉地飘向往昔。

读了本文以后，会有多少人真的去尝试制作这道果汁呢？能轻松买到优质的番茄吗？如果能便宜地买到新鲜又成熟的番茄，最适合来制作这道果汁。理想的番茄应该是农家自产的品种，但西芹和月桂叶是否也起到了关键作用呢……

如果有更多人因为喝下这道用心制作的番茄果汁而驱散了一天的倦怠，那该多好。我望着远山和夏日天空的云彩，心里暗暗祈愿。

这道果汁在战后不久就成了我家夏日的必备饮品。买下一整箱蔬菜店迫切想要甩卖的过熟番茄，清洗过后，向锅中挤入番茄汁，一滴也不浪费，再加入水、调味蔬菜和调味料一起煮。

我的父亲很喜欢蔬菜，同时也很注重简明和高效。一大杯番茄果汁里淋入柠檬汁，上班之前喝上一杯来养气凝神，比起嚼沙拉似乎更符合他的个性。他甚至还说："不是每天都做番茄果汁吗？那个，真的很好喝啊。"

要做好这道番茄果汁，需要分步骤来。如此就能事半功倍。用来煮番茄的搪瓷锅，整个夏天都放在架子上待用。

有酸味的食物万万不能接触金属的锅。最合适的是搪瓷锅。如果没有，至少也要用不锈钢锅。大量制作时，可以选用平时腌渍米糠咸菜的圆筒形容器。它也适合用来做各种果汁和果酱。但因为锅底比一般的锅要薄，很容易焦，须加以留心。漏网选择图片中的马毛漏网，我认为是最理想的。

总之，制作番茄果汁完全依赖材料，也即是否能买到大量新鲜又成熟的番茄。接下来就是锅的选择。但最重要的，恐怕是不偷懒、不怕麻烦的心理。

番茄果汁不仅可以在早餐和点心时间享用，作为汤的代替品，也适合盛夏的聚会。加入明胶稍加凝固，可以与冷菜搭配。

西班牙冷汤凝结了民族智慧。像这样经过加热的汤里，也有着它独特的力量。

●材料（5人份）

成熟番茄……1kg
洋葱（薄片）（中等大小）……1/2个
胡萝卜（薄片）……1/3根
大蒜（蒜泥）……1瓣
西芹（薄片）……1/2根
颗粒胡椒……4—5颗
月桂叶……1片
欧芹茎……5—6根
盐……1小勺
砂糖……2小勺
水……3量杯

选材最重要。用小火慢慢煮。

●做法

①彻底清洗番茄。成熟的番茄可以用手掰开。番茄蒂也能用手取下。番茄汁别浪费，对着锅挤汁。掉入锅中的番茄肉轻轻压碎。

②把除了番茄以外的所有材料和调味料加入步骤①的锅中。开中火煮，煮沸后调成小火继续，直到番茄变软为止。如果不用小火慢煮，颜色和香味都会变差。

③番茄变软后，如图片所示，将漏网反放，倒入煮好的材料。用勺子背面轻轻挤压，使果汁流入碗中。勺子背面挤压过久，会给漏网带来损伤，所以剩下最后一点时，用清洁的布巾包起来控干较好。

④把过滤后的果汁倒入锅中，再次开火，试味并进行低温杀菌。

⑤略放凉后，倒入已消毒过的广口瓶冷藏。

即食醋浸黄瓜

沙拉般的清脆口感
自制才能享受到的乐趣

听到“醋浸蔬菜”这个词，大家会有怎样的联想？我希望不是进口玻璃瓶装的那种市售的现成货，或者是用欧洲产的小黄瓜做成的爽口醋浸黄瓜。

醋浸蔬菜有两种不同种类：即食型和长期保存型。即食醋浸蔬菜类似沙拉的感觉，可以代替沙拉，口感也很清爽，是道重要的佳品。最好吃的时期是做成后的四五天。因此无法买到，只能在家里制作享用。

长期保存型，不用添加剂的同时，为了保持口感和味道，要花上比做即食型十倍的工夫。但是为了自己，或者送朋友，也值得花工夫去做。

接下来我要介绍适合在这个时节家庭制作的类似沙拉的醋浸蔬菜。

关于材料中混合醋的配比，请用分析的视角去阅读。你或许会担心糖是不是加多了，但其实甜度适中。这里的砂糖请尽量使用白色粗粒砂糖。

将其与咖喱饭、番茄饭、意大利面、披萨、三明治、烧烤搭配，或者作为聚会的小点心，定能收获好评。对于略微浸泡过度的蔬菜，可以切碎后拌入美乃滋酱、塔塔酱或吞拿鱼酱里，丰富酱料的口感和脆脆的嚼劲，使它们变得讨人欢喜。

超市或者百货店贩卖腌渍食物的柜台总是很热闹，举行地方特产展示会的时候也不可能不出现腌渍物。考虑到添加剂的因素，如果想要低盐健康而又能冷藏保存的醋浸蔬菜，我认为还是在家中自己制作比较好。成本也只是现成品的1/3。这次选用黄瓜来做基本的醋浸蔬菜，也能用瓜类、西芹、胡萝卜、芜菁、白萝卜、青椒、南瓜这些平时剩下来的蔬菜来组合。

最后我想说明一下醋的选择方法。日本的醋基本上都是米醋。米醋原本是酿清酒过程中的产物。因此据说好品质的醋是酿清酒厂的衍生品。

将醋稀释后尝一下醋的香味会不会减损，或者通过加入少量盐，品尝能否产生独特的味道，这些都是评判醋好坏的标准。选择可以稀释的醋，用起来也很经济实惠。我用的是备前（现冈山县东南部）出产的玄米醋，做成二杯醋、三杯醋等，通常都会三倍稀释，最后做成混合醋全部吃完。

可以说优质的调味料充当了促生味道的产婆角色。

●材料（5人份）

材料	用量
黄瓜	7根
洋葱	（中）1个
盐	2小勺
混合醋	
醋	1又1/2量杯
砂糖	2/3量杯
颗粒胡椒	10颗
丁香	2—3粒
月桂叶	2片
香菜	1小勺

好的醋是促生味道的产婆角色，
与剩下的蔬菜组合也能产生好滋味。

●做法

①将混合醋的材料用小火煮沸后冷却待用。

②黄瓜切成 2 厘米的薄片。洋葱切成一毫米厚度的半月形状。以上两种切完后放入深碗里，撒上盐后混合，压上较轻的镇石静置约 1 小时。中途将碗中的菜上下翻搅，共两次。这样做可以使盐分完全渗入食材。

③待黄瓜变透明、洋葱变软后，挤掉多余水分。用清洁的布巾包裹后更容易操作。特别是分量较多时只靠双手来挤，效率不高。

④把混合醋倒入步骤③的碗中，用陶瓷盘压住。静置约 2 小时即可食用，如果能冷藏半天则更美味。

黄瓜会随着时间推移而变色，这也是很自然的事，不必介意。

* 混合醋的用法

将材料表中的混合醋作为 1 个单位，预先做好 3 个单位，就能很轻松地做出甜醋腌渍菜。

比如有多余的 1 根胡萝卜，去皮后切成细丝，放入网眼较密的过滤盆里，连同过滤盆一起放在盐开水中烫过。充分沥干水分后，倒入带盖的容器里，浇入提前做好的混合醋，放置略凉后冷藏。

炒味噌

用调味蔬菜来增添风味 代替味噌汤的夏日必备品

曾几何时，米饭、当季味噌汤和泽庵腌萝卜[1]三样，是我们每日早餐里不可或缺的食物。用甜味噌和咸味噌搭配当季食材，烹调出味噌汤，是日本独特的饮食方式，在味噌的本家中国似乎并没有这样的做法。

幼时我们姐弟很喜欢秋冬季的味噌汤，但一到夏天，单是听到“御味御付”（味噌汤的一种正式称呼）这个词都觉得烦躁，异口同声地回答“不要”，让母亲很为难。明明很喜欢的豆腐，也会故意留在碗里说“这豆腐是苦的”；虽然母亲每天很尽心地为我们准备不同的夏日蔬菜，但是像茄子、南瓜、土豆，还有洋葱、卷心菜等，我们连碰都不碰。

最小的弟弟甚至直接把南瓜汤倒在了围兜的口袋里。于是母亲改变了策略。有一天，她为我们做了香气四溢的炒味噌，端上来嘱咐我们：“用这个代替味噌汤，你们要多吃点饭哦。”

乍看之下是黏糊糊泛着黑光的不明物体。小心翼翼尝了一口，便立刻爱上了那种滋味。放在米饭上，用海苔包起来吃得津津有味，吃完又意犹未尽地添了饭。母亲想让我们每天至少吃一次味噌的心愿终于达成了。

之后六十多年来，用来代替味噌汤的炒味噌，不管是与怀石料理中的八寸[2]、清酒肴相配，还是作为清口小菜、便当配菜都是一绝，跟玄米饭团的搭配更是超群。炒味噌因而一直都是我家的盛夏必备品，很多我的学生也都表示它是夏天里必不可少的佐菜料。

若仔细阅读材料和做法，应该就能想象出大体的味道。简单说起来，就是把带有生姜、紫苏和青椒香气的味噌与茄子混合，听起来就很刺激食欲。

刚才介绍的是原味炒味噌，想做辣味来配合大人的口味，可以用切碎的辣椒和生姜一起炒。作为便当配菜想要增加蛋白质的话，将鲣鱼花打成粉末，加两大勺在味噌里，又会产生别样的风味。鲣鱼粉末是将削下来的鲣鱼花干炒冷却后用手揉碎而成。如果将鲣鱼花直接放入味噌中，不仅难以操作，也会影响原本的口感。

前文中我提到过自己不喜欢夏天的味噌汤，但是对用心做出来的美味冷汁却没有抵抗力，忍不住想要再添一碗。把烤茄子撕开冷藏，咸味的味噌汤也适度放凉，增添紫苏等香味料，吃下去有如重获新生。

如何处理好味噌说容易又难，说难也容易。或许是因为味噌是一种历经岁月洗礼的老练食物吧。

●材料（5人份）

三州味噌或者八丁味噌[3]…… 适量

生姜泥或者新生姜（拇指大）……………………1片

青椒（中）……………………2个

茄子（大）……………………1个

青紫苏叶……………………15片

一大勺色拉油与一大勺半芝麻油的混合物

1　泽庵腌萝卜：将生白萝卜用盐和米糠，加姜黄等天然色素腌渍而成的咸菜。

2　八寸：怀石料理中的一道下酒菜，是可直接呈现日本时令季节的料理。一般认为，八寸的“寸”源于“尺寸”，原指盛放小菜的容器，后演变为料理本身。

3　三州味噌、八丁味噌：出产于日本爱知县、三重县、岐阜县三地的特色味噌，有八丁味噌、赤味噌、三州味噌、名古屋味噌等，主要以地域名称来命名。

加入辣椒以适应大人的口味，
加入鲣鱼粉后产生别样的好滋味。

●做法

①生姜切成 3 毫米、青椒带籽切成 5 毫米碎末。

②将一半的油倒入锅壁较厚（直径约 15 厘米）的锅中，开小火煸炒生姜，接下来倒入青椒翻炒。炒软后暂时关火。

③茄子连皮切成 7 毫米小块，切好后倒入步骤②的锅中，继续翻炒。

④青紫苏切成碎末，待锅中的生姜和青椒变软后，将青紫苏投入锅中一起炒匀。

⑤锅中食材开始粘连时，将其从四周往里呈圆形拢成一团，在中间留出一个口。也就是甜甜圈的形状，往中间的口里倒入剩下的油，倒入炒好的蔬菜总量约 1/5 的味噌，开始炒味噌。炒好的味噌与蔬菜充分炒匀。

如果选用的是八丁味噌，用量控制在蔬菜总量的 1/5。其他的红味噌则可以适当增量来调味。

* 加入足量的青紫苏叶

这道炒味噌的特色是含有大量的青紫苏。紫苏属于香草类，本身具备各种功效。这道炒味噌可以用来做信州烤饼，也能用于做中国的春饼。

咖喱肉酱

增进盛夏的食欲 多备以搭配各式菜肴

盛夏里常备鱼生味噌、调味味噌和佃煮风格的咖喱肉酱，能改善原本低下的食欲。在暑假之前多做一些冷冻起来，即使是不想动手煮饭的日子，也能帮上小忙。

在各位的心目中，应该也会把自己引以为傲的咖喱菜谱分成松、竹、梅三个等级吧。单从分级来看，咖喱肉酱可能是最后一位的“梅”等级，但是从想法和用法方面考虑，大约可以说是达到了“竹”的水准。

本文介绍的咖喱肉酱，其特点是往肉糜里加入家中常备的鸡汤，可以用日式出汁与香菇泡发水的混合物代替。以小牛骨炖煮的出汁为上品。猪骨炖的则太过油腻。一开始就要用小火静静慢炖，不要让水烧滚，才能确保出汁的清澈。

“肉糜加汤炖煮”如此简单的做法，在日本料理中却遍寻不得，是因为食肉历史太短了吧。

这个肉酱只需炒制，对于手脚利索的人，根本不算难事。但想要炒出味道和嚼劲，自然会想用上等的腿肉来做原料。口感是最大的问题。用干巴巴的肉糜来做，实在可怜了这道菜。

因此我借鉴了制作意大利博洛尼亚肉酱的窍门。我的意大利人恩师曾经跟我说：“这个酱汁跟黄油似的，能做出很好的口感呢。”意指它像黄油般，能跟意大利面融合得那么好。

博洛尼亚风格的肉酱，是将带筋的碎牛肉倒入大量的小牛骨出汁，经过长时间小火慢炖而成。咖喱肉酱则用一半程度的材料和时间来烹调，既美味又耐储藏。

食用方法多种多样。可作为啤酒伴侣，抹在小饼干或者薯片上；一人匆忙地午餐时，可以舀上两三大勺放在碗里的白米饭上；还可以有效地填满便当盒的空隙；涂在吐司上，或者作为咖喱面包的配料也很棒。

日语里有“なしくずし”（神不知鬼不觉）的有趣说法。这道咖喱肉酱也是一道让人在吃的过程中浑然不觉，但吃完又忍不住问“已经没有了吗？”的常备菜。

●材料（5人份）
牛肉糜……400g
番茄（大块）……1量杯
大蒜（碎末）……1瓣份
生姜（碎末）（拇指大）……1片份
洋葱（碎末）……1个份
青椒（带籽、碎末）……2个份
干香菇（泡发后切成碎末）……3个份
橄榄油……3—4大勺
小麦粉……2—3大勺
咖喱粉……3—4大勺
印度香料……适量
酸辣椒……2大勺
番茄酱……1又1/2大勺
酱油……1大勺
汤＋泡发香菇的汁水……4量杯
●盐、胡椒

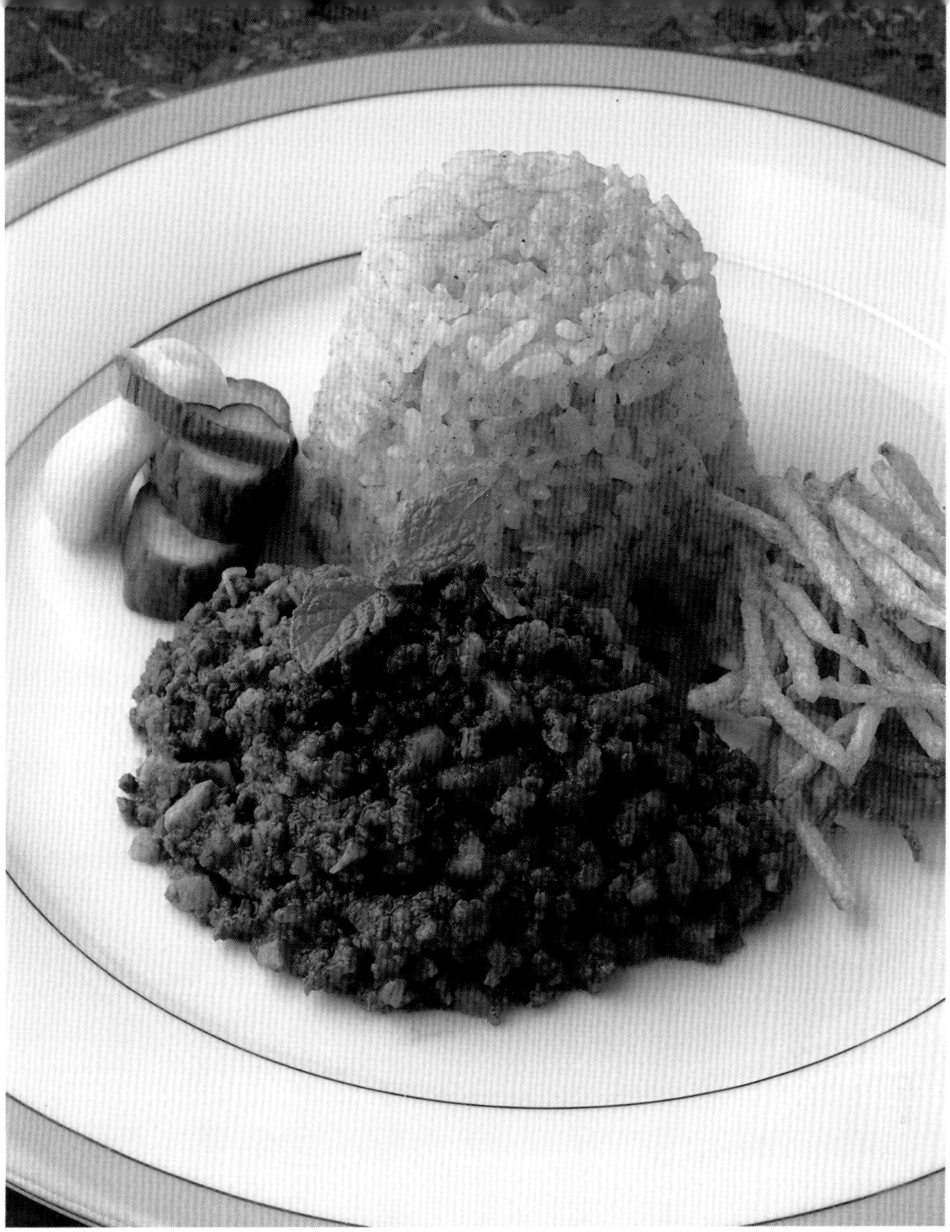

往肉糜里加入汤，
长时间炖煮出美味口感。

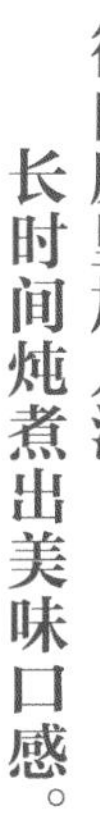

●做法

①开小火将大蒜、生姜用一大勺橄榄油炒香。追加 1—2 大勺橄榄油，倒入洋葱，盖上锅盖蒸炒约 12 分钟。此时加入青椒和香菇，继续蒸炒。

②把牛肉糜分成两次入锅，分别翻炒。这么做是为了不让牛肉糜本身的水分完全渗出。

③锅中加入咖喱粉、印度香料，撒上小麦粉，将所有材料搅拌混合均匀。

④锅中加入番茄、酸辣酱、番茄酱、酱油、汤和香菇泡发水、一小勺半盐和少许胡椒，边撇浮沫边小火慢炖。前半段过程中将锅盖保持半盖的状态。因为加了小麦粉，中途注意锅子底部不要烧焦。

⑤进入后半段，取下锅盖煮到收汁即可。

* 考虑到品相，可以做出如图片中的有趣组合。煮出咖喱风味的黄油饭，将咖喱肉酱添在一旁。因为是咖喱口味的肉酱，与同样略带咖喱口味的米饭比较搭调，也经济实惠。

搭配的炸土豆丝不是单纯的装饰，是为了让享用的过程更为愉快。

豆沙冷汤

亲手制作美味的红豆馅 愉快地与红豆『对话』

熬红豆、过滤、做成红豆馅——

“煮红豆本身就是大工程，熬成带颗粒的红豆馅已经很费功夫，还要花时间过滤成细密的豆沙馅，也太麻烦了吧。再说红豆馅不是可以买现成的吗？”我可以想象到大家带着疑问的表情，但还是想说：“既然都煮了红豆，何不再做个红豆馅料呢？”

理由有三。首先，支撑日本和果子文化的主力是红豆。红豆饭、红豆煮南瓜等食物因医食同源的优势而诞生，其后才又衍生出了红豆做的点心。最近的和果子所追求的，似乎不再是单纯补充能量了。其二是要把红豆做成具有滋养效果的食物，大家最好还是选择日本产的红豆，自己动手比较安心。其三是在过滤红豆馅的最后阶段，用力紧紧挤压布袋时的手感。这份成就感希望大家能亲自感受。第三个理由可能才是重点。

在大家的观念里，颗粒红豆馅做起来容易，而过滤豆沙馅则很烦琐。但我的想法刚好相反，因为过滤豆沙馅本身其实只要轻松将红豆煮熟，接下来按照过滤的工序来就能做好。

不需要过滤的颗粒红豆馅，在煮红豆的过程中必须要适时换水二三次。如果不能始终守在锅子旁边，会很容易错过换水的最佳时机。熬红豆也是一样。我一般在前一晚就寝之前，将已去涩味的红豆放入焖烧锅，到第二天早上就能焖得酥烂，所以根本不觉得辛苦。

美味的红豆馅源于美味的红豆。丹波（现京都府中部和兵库县中部）出产的红豆品质最好，丹后（现京都府北部）出产的也是上等品。

纵观制作红豆馅的步骤顺序，可以总结出以下若干诀窍。把红豆浅浅倒入带边的盆中，晃动盆子，就能很容易找出坏豆子。不要小看了浸水时间，在整个过程中，去涩味是非常重要的一项工作。

把煮好后仍然温热的红豆用手捏碎，虽然听起来并不合理，但是为了得到好滋味，除此以外没有更好的方法。最好选择不锈钢制的漏网。挑选袋口较大、便于拿取的布袋来继续吧。将装入袋中的红豆馅浸入水中，接下来不断漂洗的工作让人感到心情愉悦。保留红豆原本的特性，去涩的程度完全取决于你的感觉。在漂洗红豆馅的水中有着意外的答案。哪怕手头只有细砂糖也不要将就去用，以免把好不容易做好的红豆馅搞砸。要用没有木头味的铲子来搅拌馅料，不停地搅动锅底防止烧焦。

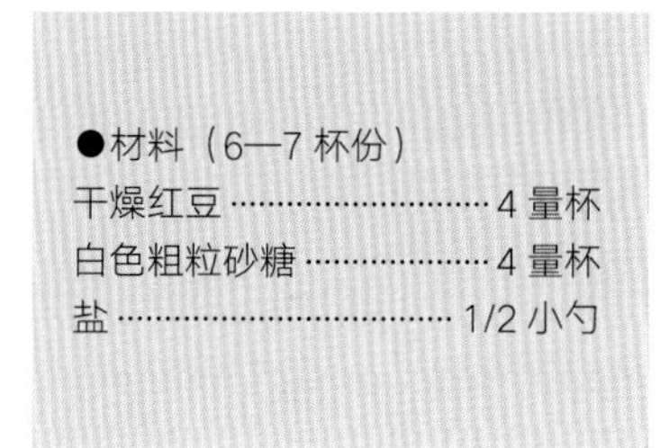
●材料（6—7 杯份）
干燥红豆……………………………4 量杯
白色粗粒砂糖………………………4 量杯
盐……………………………………1/2 小勺

豆沙冷汤是根据喜好将过滤豆沙馅稀释而成。上桌时将锅子外侧浸入冰水中降温。

两手揉捏煮过的红豆颗粒，放进布袋浸入水中去除涩味。

●做法

①先做预煮。红豆按照正文所述挑拣，扔掉被虫咬过的坏豆子。

②挑选好的红豆浸入 2 升水中，静置 24 小时。吸水后的红豆体积变成了之前的 2.5 倍。沥干水分。

③将红豆和 2 倍于红豆体积的水倒入较厚的锅中，开中火。

④煮沸后倒入冷水，使锅中的水温降到 50℃以下。

⑤再次煮沸后，将红豆倒入沥盆中，从上方浇入清水，去除涩味。

⑥正式开始煮。用红豆体积 2.5 倍的水煮，煮沸之前保持中火，煮沸之后转为小火，一直熬煮到能够轻轻用手指将红豆捏碎的程度。

⑦取一个较大的容器，将漏网反过来倒扣在容器上。掬起步骤⑥的红豆，用两手揉捏搓碎。一边浇水，一边使过滤好的豆沙馅掉入底下的容器中。

⑧将粗略过滤的豆沙馅捞起，用漏网过滤，转移到布袋里。

⑨取一个较大的容器，倒入水。将步骤⑧中的布袋的袋口用右手拧紧，浸入水中。左手在水中揉捏袋子里的豆沙馅，漂洗。品尝馅料的味道，观察水渐渐变浑浊、馅料去涩味的过程。

⑩把从布袋里取出的过滤红豆沙倒入锅中，加入白色粗粒砂糖、盐和 2/3 量杯水，熬煮到产生光泽。也可使用将砂糖和水预先熬成糖浆再加到红豆沙里的方法。

秋茄子泥龟渍

季节孕育出的硕果
具有能消除夏季疲劳的生命力

用黑芝麻酱汁腌渍对半切开的茄子，能从漆黑的酱汁里看到黑色的光芒从圆圆的茄子背上透出来。

宛如沼泽地里的乌龟。

“泥龟渍”是对大自然有着敏锐观察的时代所发明的昵称，可能来源于明治、大正时期的小说家村井弦斋。但随着时间流逝，我对茄子的处理方法和调味料做了相应的调整。之所以在九月上旬推荐这道菜肴，是因为在夏天不知不觉积累的倦意，能由此被缓解，从而顺利地入秋过冬。无病无灾一身轻。

茄子本身的营养价值并无值得特书一笔的，但其含有的胆碱成分，据说可以保肝。

“茄子这样长肯定有理由吧。”夏天在田间劳动时我们曾经讨论过这个问题。每到季节时总能茂盛生长并顺利结果的东西，一定是在某个方面和人的生命有着不可割舍的关联。

芝麻被认为是长寿食物，甚至连皮也含有相同的营养成分。而把黑芝麻研磨之后再使用，更能将营养彻底释放出来。

把初秋时节蕴含力量的茄子先油煎，再用营养无可挑剔的芝麻酱腌渍，可以归为日本料理里口感醇厚的种类。

以下为烹煮成功需要注意的几个事项。

首先是芝麻。日本产的芝麻为佳。干炒之前如果预先有过清洗晒干的步骤当然最好。干炒时选择直径约 22 厘米、不带油分的厚平底锅。

直径 22 厘米的锅每次最多可以炒制一杯左右的芝麻，即便实际只要用到一半分量，但因为花费的工夫相同，不如一次炒一杯，剩下的可以用于煮芝麻饭等。

炒制方法按照从前的说法，锅里只要飞出 3 颗芝麻粒就意味着需要关火了。我脑海里还浮现起从前晃动着干炒专用土锅，等待芝麻粒在锅中炸开，再做成了香味十足的芝麻拌菜的情景。

到了现代，可以选择厚平底锅，开小火慢慢加热，在过程中不时品尝味道确认炒制程度。不用时时守在锅旁，在做着厨房里其他工作的同时照看好即可。

芝麻酱汁的调味，我个人比较喜欢最后加入甜酒酿和叫作“MUCHI 黑糖”的一种气味很轻的黑糖，做出有层次的味道。

茄子采取的是南欧的处理方法。将外皮呈螺旋形状削下，加盐去涩，可以最大程度控制油煎过程中茄子的吸油量。这样煎好的茄子与脂肪含量高的芝麻组合，也不会太过油腻。

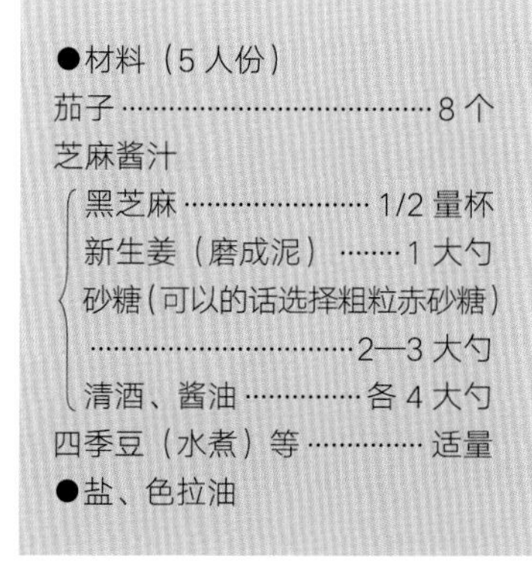

●材料（5 人份）
茄子……8 个
芝麻酱汁
黑芝麻……1/2 量杯
新生姜（磨成泥）……1 大勺
砂糖（可以的话选择粗粒赤砂糖）……2—3 大勺
清酒、酱油……各 4 大勺
四季豆（水煮）等……适量
●盐、色拉油

香气四溢的芝麻酱汁。用盐给茄子去涩后再油煎。

●做法

①首先将芝麻用小火干炒约 20 分钟，使芝麻的内芯也充分熟透。出锅之前稍微调高火力，认真炒制 2—3 分钟待芝麻散发香气。为确保万无一失，事先备好湿抹布。观察有变焦的迹象时，把锅放在湿抹布上降温。

②炒好的芝麻倒入研磨钵，待热气散后研磨。保留芝麻原本的模样，研磨到七分碎的程度即可。加入生姜、糖研磨混合，再按照清酒和酱油的顺序逐个加入。即便口感略硬，茄子的水分也可以平衡。

③将茄子切成合适大小。外皮如果较为坚硬，可以将皮削成螺旋形。表面留下斜斜的茄皮可以防止茄肉在煎的过程中散开。小个儿的茄子则直接对半切开。

④切好的茄子撒上盐静置约 5 分钟。因有涩味渗出，用水稍加冲洗，干布擦拭后用少量的色拉油油煎。盐分在茄子表面形成一道膜，这样茄子不会过度吸收油分。

⑤芝麻酱汁取出 1/4 量。把剩下的芝麻酱汁倒在油煎过的茄子上。为防止茄肉散开，用木铲小心拌匀。放置 2 小时更佳。

⑥放上绿色的四季豆，再倒入之前取出的芝麻酱汁拌匀即可。

* 无论是怀石料理、宴会菜，还是日常小菜，在各种情况下都能展露身姿的一道菜。

* 每个地方的茄子各具特色，制作时不必拘泥于把茄子对半切开。

用芝麻做菜

源自绳文时代的深厚底蕴 能补充蛋白质和脂肪

伴随着“咕噜咕噜”浑厚的研磨声响，芝麻的香气四溢。不禁想，这也是日本可爱的一面。

芝麻清洗之后可以晒干、干炒、研磨，做成芝麻盐、芝麻酱、芝麻拌菜、芝麻煮菜、白芝麻豆腐拌当季蔬菜、芝麻豆腐等。其中芝麻盐最好半研磨。白芝麻豆腐拌菜或者芝麻豆腐，则要等到油分充分渗入。

母亲要求我：“研磨到芝麻吸附在研磨钵壁时发出咯吱咯吱的声音为止。”

因为太辛苦，我曾抱怨研磨棒和研磨钵之间的接点是否应该改良。于是母亲对我讲了两个故事，一个是她十六岁时第一次做白芝麻豆腐拌菜的故事；另一个是父亲曾在星冈茶寮（北大路鲁山人[1]的料亭），为一道完美无缺的芝麻土当归特别付了小费的故事。她补充道，虽然是不起眼的一道菜，但由于有钻研精神的人越来越少，好的厨师也因此难以成长。她想必是为了鼓励我吧。

早在绳文晚期的遗址里就现踪影的芝麻，于我们是种源远流长的食材，它为体质上存在各种不足的日本人补充蛋白质和脂肪。据说芝麻的发源地是非洲的稀树大草原。经过比丝绸之路更漫长的路途，边改良边传播，跟大米几乎同一时间传入了日本。能在人们之间迅速传播，是因芝麻那细小的颗粒蕴含着力量。即便是对习惯饱食的我们，“芝麻开门！”也永远保有魅力。

本文要介绍的是“芝麻拌青菜”（图片上）、“黑芝麻饭”（图片中）和“芝麻炖煮菜”（图片下）。不要求读者研磨到咯吱咯吱的程度，请去尝试吧。

在处理芝麻的过程中，有两点需要注意。第一，选择日本产的芝麻。进口芝麻容易受消毒的影响，颗粒往往较小。第二，自己用手来清洗芝麻。个中差异在制作芝麻豆腐时会显现。

清洗方法是取约一杯的芝麻放入漏网，快速用手清洗后倒在布巾上。用另外的布巾揉搓擦干水分，倒在已摊好布巾的沥盆里，中途翻个身晾干。建议使用不起毛的布巾。接着在厚平底锅内以微火炒约 20 分钟。

黑芝麻饭是我的好朋友、料理研究家阿部尚绪的创意。磨好大量的黑芝麻，与手上蘸好的酱油一起捏成饭团，冷冻起来备用。对考生、过劳之人、疗养中的人和老年人来说，黑芝麻饭团为日常生活提供了一种莫大的帮助。

芝麻拌青菜的注意点是，把青菜先浸入调味汁里，取出时挤掉汁液后再拌。

1　北大路鲁山人（1883—1959）：日本陶瓷艺术家。最初以书法家、篆刻家成名，也闻名于烹调界。开办北镰仓窑，制作新颖而独特的食器陶瓷。

选用日本产的芝麻，自己清洗。以微火干炒约二十分钟。

[芝麻炖煮菜]

●材料（5 人份）

鸡肉……150g
胡萝卜……300g
牛蒡……150g
芋头……400g
魔芋……1 片
黑芝麻膏或者芝麻酱……3 大勺
色拉油……3 大勺
二道出汁……倒进锅内刚好能没过所有材料
砂糖……2 又 1/2 大勺
酱油……3 大勺
清酒……2 大勺
盐……少许

●做法

【芝麻炖煮菜】

①将鸡肉切成一口大小，将胡萝卜和牛蒡滚刀切块。芋头去皮，切成 1 厘米厚度的薄片。魔芋用盐揉搓后放入开水中烫过，切成块状。

②热锅，倒入油，将鸡肉炒至七分熟，加入牛蒡炒至五分熟变软，再放入魔芋，煮制片刻后加入胡萝卜炒至七分熟，倒入出汁和调味料，加入芋头，盖上锅盖小火慢炖。芋头变软、汤汁基本收干时，倒入黑芝麻膏，马上关火，用木勺整体搅拌混合。也可使用白芝麻。

【黑芝麻饭】

材料　米 3 杯　日本产黑芝麻 1/3—1/2 量杯　酱油 2/3 大勺

煮米饭。将炒熟的黑芝麻放入研磨钵粗粗研磨，倒入酱油后混合均匀。把米饭盛入研磨钵中，切拌混合。做成饭团则更美味。

炖煮泽庵腌萝卜[1]

心手并用 『弃之可惜』之味成就佐清酒佳肴

我们有不少能够巧妙表现美味的形容词。其中之一便是“弃之可惜”之味。它看似可有可无，却又不容易被取代。

比如鱼骨、内脏部分较多的食材，都属于需要花时间去烹制的珍馐，对此所做的烹饪考量值得尊敬。但通过炖煮泽庵腌萝卜这样简单的菜式去解决“弃之可惜”之味，不是更好吗？花工夫把看似已经不能吃的食物变成美食，不仅出自爱惜生命之物的心境，也能感受到自己曾与这些食物共呼吸过。我曾看过母亲边品尝陈年泽庵腌萝卜边考虑如何将其再加利用。一旦自己亲身参与，更将难以忘怀。

说起泽庵腌萝卜，应从食用完的时间反推，来选择不同的晒法、盐和米糠的用量。原本预计一年内吃完的泽庵腌萝卜，过了三伏天之后就会开始发酸。放置半年以上，受到盐和镇石的影响而酸化的泽庵腌萝卜，滋味很是奇特。这种滋味就变成了炖煮泽庵腌萝卜的底味和嚼劲。况且，这样的方法才能挽救已然酸化的泽庵腌萝卜。

在我所居住的镰仓，近郊的农户们集中贩卖农产品的市场里，一定会有泽庵腌萝卜的身影，非常省心。加了化学添加物的泽庵腌萝卜无法用来炖煮，请务必知晓。

让人津津有味、赞叹不已的滋味，首先源于切法，而菜刀当然起着决定性的作用。调整呼气，用研磨好的菜刀将泽庵腌萝卜切到无法更薄的片状，且最好尺寸相同。切泽庵腌萝卜或魔芋这样的食材，看似很容易，实际操作起来却并非如此。炖煮时，请选择搪瓷锅或不锈钢锅，土锅也可以。

市面上泽庵腌萝卜的品质参差不齐，但依赖自己的感觉也未尝不是件愉快的事。水煮以后，将泽庵腌萝卜薄片在手心挤干水分的工作，请交由孩子来完成。虽然孩子未必喜爱腌萝卜的口味，但对于自己参与过的事情，想必会格外上心。

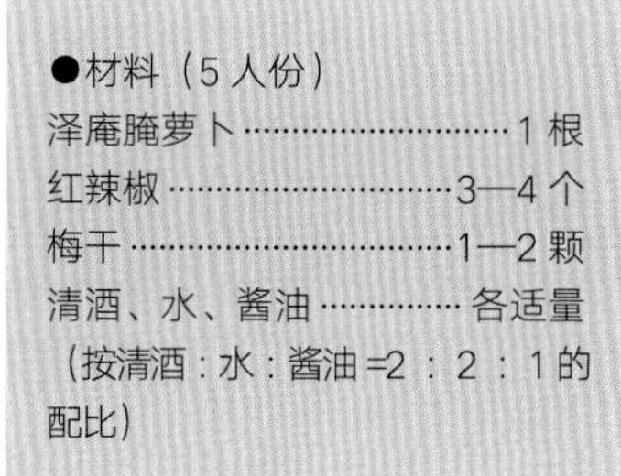
●材料（5 人份）
泽庵腌萝卜……1 根
红辣椒……3—4 个
梅干……1—2 颗
清酒、水、酱油……各适量
（按清酒 : 水 : 酱油 =2 ：2 ：1 的配比）

热腾腾的山形县特产的毛豆和蒸煮小芋头，配上凉爽入味的炖煮泽庵腌萝卜，再来一杯沉淀着一片青日本柚子的日本柚子清酒。“清酒肴要用智慧去做”，母亲的声音仿佛又在耳边响起。

1　泽庵腌萝卜：在明朝时期日本泽庵法师来中国修习佛法，回到日本的时候把中国福建的黄土萝卜带到了日本，日本为了纪念他就把这种萝卜叫作“泽庵”。

三伏天之后的陈年泽庵腌萝卜薄片，
清洗干净后炖煮。

●做法

①选择原汁原味的泽庵腌萝卜。不太熟练可先用较小的泽庵腌萝卜练习。

②按照正文所述，将泽庵腌萝卜切成极薄的片状。

③将切好的薄片浸于水中。换水时去除盐分、酸味和臭味，但注意不要过度清洗，以免使泽庵腌萝卜失去本身的味道。

④炖煮泽庵腌萝卜片。注意保留适度爽脆的口感。根据需要可以再过一次水。

⑤将煮好的薄片叠起，在水中用双手掌夹起薄片，挤干水分。

如果先把薄片全部捞出水再挤干，不仅徒增工作量，外观上也皱皱巴巴的，不美观。炖煮之后就只能变成不讨喜的剩菜了。

⑥将挤去水分的薄片小心翼翼排放在锅底。

⑦另取一个小锅，把调味料、水、材料表中的红辣椒和梅干入锅煮开，倒入有泽庵腌萝卜片的锅中，小火慢炖。煮汁的高度保持在泽庵腌萝卜上方 1 厘米。煮好之后仍然是水淋淋的状态，切忌不要煮过头。冷却后转移到广口玻璃瓶里。

●应用

还有一种炖煮泽庵腌萝卜的做法：先炒再煮，有些还会先加入小杂鱼干之后再煮。总之用的都是让人感到弃之可惜的食材。

精进炸蔬菜、虾仁炸什锦

比天妇罗古老的日本美食
面衣如海苔般纤薄

男人一辈子吃不腻的食物有荞麦面、寿司、天妇罗、鳗鱼和面包。不管给他们做多少次，他们都不会喊停。

镰仓有一家深受小林秀雄[1]先生喜爱的天妇罗店。那家店的特色是仅用一个球状的炸什锦来搭配一顿简午餐。站在柜台后面的掌柜，是一位面无表情、专心对着油锅的人。

“即便跟叔叔说很好吃，那位叔叔也完全不笑呢。”“当然啦。试想下你炸了一辈子天妇罗，根本笑不出来吧。”我现在明白了母亲当时的话。

此次要介绍的，是还无法自傲的精进炸蔬菜和虾仁炸什锦。对精于此道的专家们，我为自己的班门弄斧表示羞愧和歉意。

精进炸蔬菜虽说是家常味道，但在烹调的时候也不无烦恼。刚炸好时作为小点心虽然味美，但等到把所有人的量全部炸完，小点心的美妙滋味也减了一半。

一般认为炸天妇罗需要用到鸡蛋，而精进炸蔬菜则不需要，但我曾尝试过在精进炸蔬菜中加入鸡蛋。而我之前未意识到炸蔬菜其实早于天妇罗，它是用日本的小麦粉做面衣的。原产面粉的美味，跟进口面粉生硬的口感截然不同。其次是麸质的强度。可见过去的人们对面粉的美味和作用了如指掌。

面衣像棉袍般松松垮垮挂在食物上可不行。虽然不会要求面衣薄如蝉翼，至少也要让食材穿上单衣。挂上一层如海苔般纤薄的面衣再油炸的蔬菜，与白萝卜泥是绝配。面浆调得稍厚一些，将蔬菜浸入面浆后提起，掉落多余的面浆，就成了面衣。挂浆的步骤主要用左手，用筷子无法完成。

炸什锦则激发了红薯和虾仁组合的美味。好的红薯，口感甚至能媲美虾仁。这道炸什锦做法轻松简单，成品也很松脆，里外并无太大差异。

我喜欢用天妇罗蘸汁和少量生姜泥来搭配炸什锦享用。没有蘸汁的话，把清酒、味醂和酱油调配好，再根据喜好加入出汁稀释，即可成为一款简单的天妇罗蘸汁，轻松解决烦恼。

●材料（5人份）

【精进炸蔬菜】

四季豆、秋茄子、苦瓜、青椒、红薯、茗荷等蔬菜 …… 各适量

面浆

- 日本产小麦粉 …… 适量
- 盐 …… 少许
- 冰水 …… 适量

【虾仁炸什锦】

对虾（冷冻） …… 10只

红薯 …… 500g

鸡蛋 …… 2个

低筋粉 …… 2/3量杯

冰水 …… 适量

油炸用油 …… 适量

●盐、砂糖、酱油

1　小林秀雄（1902—1983）：日本知名文艺评论家、作家。近代日本文艺评论的确立者。

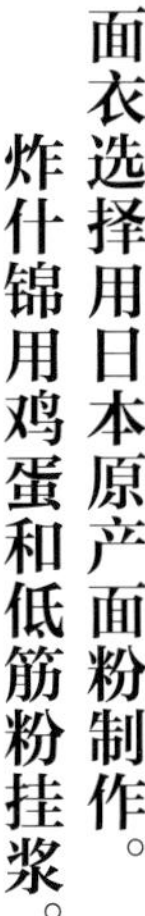

面衣选择用日本原产面粉制作。炸什锦用鸡蛋和低筋粉挂浆。

●做法

【精进炸蔬菜】

蔬菜里的豆类，豆荚和豆粒都较硬，不容易料理，经过油炸却能马上食用。如正文所述，挂浆一次后掉落多余面浆，再油炸。

红薯不去皮切成 1.5 厘米厚度的圆片，与 2/3 杯砂糖、2 大勺半酱油和少许盐混合起来，加入刚好没过红薯的水煮熟，在煮汁里浸泡半天入味。沥干煮汁后挂浆再油炸。

【虾仁炸什锦】

①红薯去皮，切成 1—2 厘米小块，在盐水中浸泡约 10 分钟，沥干水分。虾剥壳后切成和红薯同尺寸的小块。

②把红薯和虾一起放入容器中，打入鸡蛋充分混合。撒入低筋粉和少许盐，粗略混合。将还需要的水分一点点补充倒入，舀出鸡蛋大小的面糊油炸。

* 菜籽油比较适合用于精进炸蔬菜。

●附记

蔬菜篮里渐渐积攒起多种蔬菜时，考虑在油炸过程中每个蔬菜用时长短的不同，把蔬菜切成小块或小段再油炸。像茄子、豆类、胡萝卜、青椒和南瓜等食材的面衣厚度为一般蔬菜的两倍。

五目寿司

用随手可得的食材制作 越做越能体会其中深意

琴乐和能乐中，有“习琴起于《黑发》[1]，终于《黑发》”“能乐中的《熊野》和《松风》[2]堪比米饭”的说法。

类比到寿司中，则可说“起于蔬菜寿司，终于蔬菜寿司”。即便初次尝试，也能用随手可得的食材做出来，但越做越能体会其中深意。无论心情是喜是悲，都能坦率地接受。

更不可思议的是，能像五目寿司这样被外国人接受的日本料理似乎并不多。熟知海外待客佳肴的人也说：“用五目寿司招待外宾基本不会错。”若给全世界米饭类食物排位，它也有着不输给西班牙海鲜饭的气势。

在“嫩菜寿司”一文中，我曾经提到安排配菜工序的重要性。五目寿司也是同样。红姜、醋藕片、海苔丝、鲑鱼松罐头等要在两天前备好。包括煮干香菇、干瓢和制作蛋皮等工作，也可以提前一天准备。制作当天只要用前一日煮香菇剩下的煮汁来煮胡萝卜，把蛋皮切成细丝，把带根鸭儿芹等绿叶菜焯水即可。

制作醋饭时，先按食材表中所写的分量烹煮米饭，同时开始准备综合醋。米饭煮好之后，在锅盖与锅子之间盖上一条布巾后蒸5分钟。将米饭盛入并堆在寿司桶的正中间，此时淋入混合醋，从中间往四面八方摊开，将米饭和醋混合起来。饭勺的角度始终保持切的角度，不要过度搅拌。这时先停下来，用团扇扇去热气，上下翻面，把散开的醋饭稍加归拢，再盖一块打湿的布巾在寿司桶上。

混合寿司是一种醋饭冷却后很难与其他食材混合均匀的东西。因此要趁着醋饭还温热时，在摊平的醋饭上面分别撒入每样食材。诀窍是不过度搅拌、均等混合。

●材料（5人份）

醋饭
- 米……4量杯
- 水……4又1/4量杯
- 昆布……（7cm方块状）1块
- 清酒……浅浅2大勺

混合醋
- 米醋……满满1/2量杯
- 盐……浅浅1小勺
- 砂糖……1—2大勺

寿司材料

干香菇……40g

香菇煮汁
- 泡发香菇的水……3又1/2杯
- 砂糖……2又1/2大勺
- 盐……1/4小勺
- 清酒……1大勺
- 酱油……1又1/2大勺

胡萝卜……200g

煮汁
- 香菇煮汁水……适量
- 清酒……1/2大勺
- 盐……1/4小勺

干瓢（干燥）……30g

盐……少许

干瓢煮汁
- 煮干瓢的水……1杯
- 砂糖……1大勺
- 味醂……1/2大勺
- 酱油……1大勺
- 盐……少许

莲藕……100g

甜醋
- 米醋、水……各1/2量杯
- 盐……1/3小勺
- 砂糖……1大勺

鲑鱼松
- 红鲑鱼……1罐
- 砂糖……1—2大勺
- 清酒……1又1/2大勺
- 盐……1/2小勺

锦丝蛋皮
- 鸡蛋……3—5个
- 盐……少许
- 色拉油……少许

带根鸭儿芹（切去较硬的部位）……1把

烤海苔……2片半

红姜丝……适量

1 《黑发》：日本三味线中的名曲。

2 《熊野》和《松风》：能乐中分别代表春天和秋天的名曲。

趁醋饭尚有余热，与其他材料稍加混合。

●做法

①泡发香菇，切成极薄的片状。倒入煮汁煮约 15 分钟，静置待用。

②胡萝卜切成细丝，加入香菇煮汁、清酒和盐，为保持胡萝卜的水分，用小火煮。

③干瓢放入盐水中搓洗后再水煮。切成约 1 厘米的长度，放入食材表中的煮汁里煮熟。

④莲藕切成薄圆片，用少量水煮过，倒入低温的甜醋再煮一下，凉凉待用。

⑤制作鲑鱼松。去除鲑鱼罐头里的汤汁、骨头和皮，倒入锅中，加入调味料，一边捣碎一边用四五根筷子干炒。

⑥蛋皮凉至稍凉后，覆上保鲜膜冷藏起来，当天切成锦丝蛋皮。烤海苔则切成 2 厘米细丝，保存起来防止受潮。

⑦带根鸭儿芹水煮后浇上冰水，切成 1 厘米长度。

⑧按照正文所述制作醋饭，与各种食材混合。最后撒上鸭儿芹、鲑鱼松、锦丝蛋皮和红姜丝后，即可完成。海苔丝另放。

* 步骤①、③—⑥在制作当日的前一天完成。

* 红姜丝

正宗的红姜丝是把日本姜浸泡在红梅醋里再晒干而成。姜丝在吸收了梅醋后，酸味与辛辣变得柔和，吃起来口感清爽，是五目寿司的点睛之笔，并非只是点缀。

别致鸡蛋烤豆腐

烤盘搭配不同食材 怀石、西式都合适

台风过去之后，秋分在光与影如音乐般美妙的时节来临。春分、秋分之日分别是春秋两季的中心，据说可以遇见往生的灵魂，是一个缅怀彼时谁人音容笑貌的节日。

日本的春分、秋分之日，总是与牡丹饼（荻饼）一起到来。而当季的美食，自然让人联想到寿司和豆腐料理。

在此我选择鸡蛋烤豆腐来介绍。这道菜原本很费工夫，但若按我介绍的方法来做，谁都可以胜任，并应用于日常。

我会将料理的经验进行分类，以切法为例，切细丝、削薄片属于同一个系列。

有些菜就可以用这样切好的食材，经淡淡调味后烹饪。比如五目寿司、干炒豆腐、煮豆渣、鸡蛋烤豆腐，就属于这类直系菜肴，而豆腐拌菜和飞龙头则属于其旁系的种类。

烹煮这类菜，可以多做一些冷藏或冷冻起来，下次做同系列的菜肴就更有效率。建立合理的步骤，重新审视做菜这件事，可以事半功倍。

我在做鸡蛋烤豆腐时，就利用了做五目寿司多余的食材。把保存的食材首先做成干炒豆腐，取其中少量再做成鸡蛋烤豆腐，约 15 分钟就能端上桌。

如果要从切胡萝卜细丝、香菇薄片开始，连我都不怎么有意愿动手。正因为 15 分钟就能做好，不管是作为配菜还是便当小菜，都能轻松完成。有四五口人的家庭，可以留半块豆腐量的干炒豆腐来做鸡蛋烤豆腐。

不管是一人用还是十人用的烤盘，只要基本手法不错，都能根据食材和烤盘的格调做出怀石风格的烤菜来。想要用作西式菜肴时，按煎蛋配料的风格（加火腿、洋葱之类）来做干炒豆腐。撒上帕尔玛干酪碎味道最佳。

●材料（5 人份）

【干炒豆腐】

- 木棉豆腐……1 又 1/2 块
- 水煮樱花虾……满满 1/3 量杯
- 胡萝卜（煮成淡淡的咸甜口味）……2/3 量杯
- 香菇（煮成淡淡的咸甜口味）……1/2 量杯
- 四季豆（盐水煮过后斜切薄片）……1/3 量杯
- 色拉油……1 又 1/2 大勺
- 酱油、味醂……各适量

（其中 1/3 用来制作鸡蛋烤豆腐）

【别致鸡蛋烤豆腐】

蛋液

- 鸡蛋……5 个
- 盐……少许
- 清酒……4 大勺
- 砂糖……5 小勺
- 酱油……5 小勺
- 色拉油……2 大勺

色拉油……少许

鸭儿芹……少许

用五目寿司的食材，
花十五分钟衍生成一道配菜或便当小菜。

●做法

【干炒豆腐】

用色拉油将水煮樱花虾细致炒过，加入包在布巾里轻轻挤压去水分的豆腐，捣碎翻炒。倒入其他食材煮熟。中途可以加酱油和味醂来补足味道，炒到略带点湿润的程度。

留一半的豆腐待用。

【别致鸡蛋烤豆腐】

①将蛋液的材料混合，取出总量的 1/3 待用。

②剩余的 2/3 蛋液倒入锅中，加入干炒豆腐，做成炒蛋。同样炒到湿润的程度，注意不要炒过头。

③把步骤②中的炒蛋铺平在涂过油的烤盘上，剩下的蛋液均匀倒入烤盘，放进充分预热过的烤箱或吐司炉，烤到表面变成半熟状态时取出，撒上鸭儿芹后端上桌。

●附记

干炒豆腐与虾的香气搭配出绝佳的口感。因为干炒豆腐的本源是精进料理，用清水煮的樱花虾清爽得恰到好处。手头没有樱花虾的情况下，可以用 1/4 量杯虾干和 100 克鸡肉糜来代用。

把招待客人用的烤海鳗、蒲烧鳗鱼切开后撒在上面，秋天用银杏、冬天用百合根来点缀，春天则可以用嫩豆荚添上一抹绿意。

烤猪肉

从试做的失误里诞生的独特鲜香美味

比起料理本身，我的母亲滨子从外祖母那儿习得的智慧，更多是判断事物的方法。

“你已经十三岁了，差不多应该学会辨别不同橘子的味道。”水果市场里堆积成山的橘子分别来自九州、四国、纪州、广岛和静冈。外祖母让我母亲每次挑一袋试吃，并跟她讲述每种橘子的特点和吃法。借由种类不同的橘子，外祖母甚至还教母亲如何分别用火和水来料理橘子。对于这些“理所当然的事”，过去的人也谙熟将其传授给下一代的方法。

后来母亲爱上了料理，开始独立创作。而事实上她创造的很多菜式，都是从一开始对食材本质的认识偏差和试做失误中诞生的，之前介绍过的厚鸡蛋烧和嫩菜寿司就是其中的代表。

这道烤猪肉的味道，和普通市售的叉烧有所区别。因为“炖煮”“煎烤”两种烹调过程在同一个锅内完成。

首先，猪肉用的是上肩肉。这一部位肥瘦相间得恰到好处，做出来的成品细腻不柴。1—1.2 千克是便于一次制作的分量。锅子的尺寸是重中之重，不严格遵守，会把肉煮得如咸牛肉罐头般松松散散。水的分量也要精准。添加生姜和大蒜可以增香。炖 50 分钟左右，猪肉内部的脂肪就会自然渗出。至此的步骤与一般炖猪肉差不离，在炖煮的最后 5—7 分钟，开始进入煎烤。

在煮肉类时，肉的成分会流入汤汁中是常识。长时间炖煮，更会吸附在锅壁上。之后继续加热，会生成一层独特的鲜味物质。正因为有了这两三分钟的时间使得锅壁形成焦香的鲜味层，这道菜才能称为烤猪肉。以清酒来冲刷这鲜味层，加水和酱油来调味，把锅里的酱汁浇在肉块上面，这道烤猪肉就完成了。其美味无与伦比，正是因为“锅壁之宝”（猪肉的本味）完全物尽其用。

从文字层面似乎很难追溯，但母亲想必也不是一开始就预见了后面会发生什么。可能只是以“炖个猪肉吧”的心情打开炉火，之后在专注于其他家务时，突然闻到异样，想“啊！那个味道是？”便冲向炉灶，看到肉块黏在锅底而懊恼。在试图抢救时，尝了尝锅底的焦块，有了重大发现：这不就是肉汁酱的底料吗？便决定调味后使用。

我想这是一个从失误中究其本质、变废为宝的好例子。

著名的塔丁苹果挞，也是塔丁阿姨忘记将挞皮铺入烤盘，想着“哎！”，最后没办法只能把挞皮盖在苹果上烤制，是一道因为头脑灵活而重生的著名甜点。

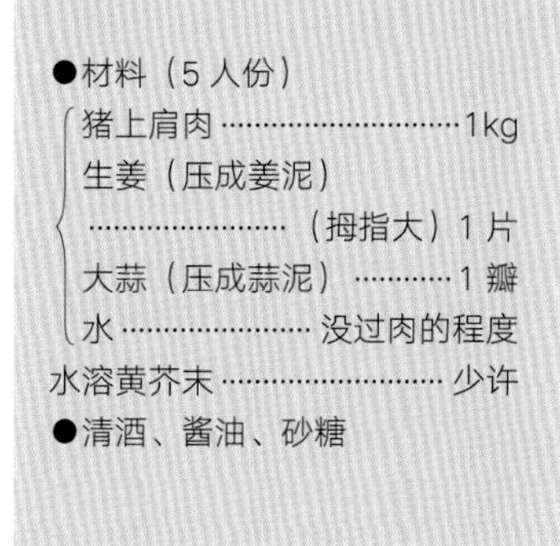

●材料（5 人份）

猪上肩肉……1kg
生姜（压成姜泥）……（拇指大）1 片
大蒜（压成蒜泥）……1 瓣
水……没过肉的程度

水溶黄芥末……少许

●清酒、酱油、砂糖

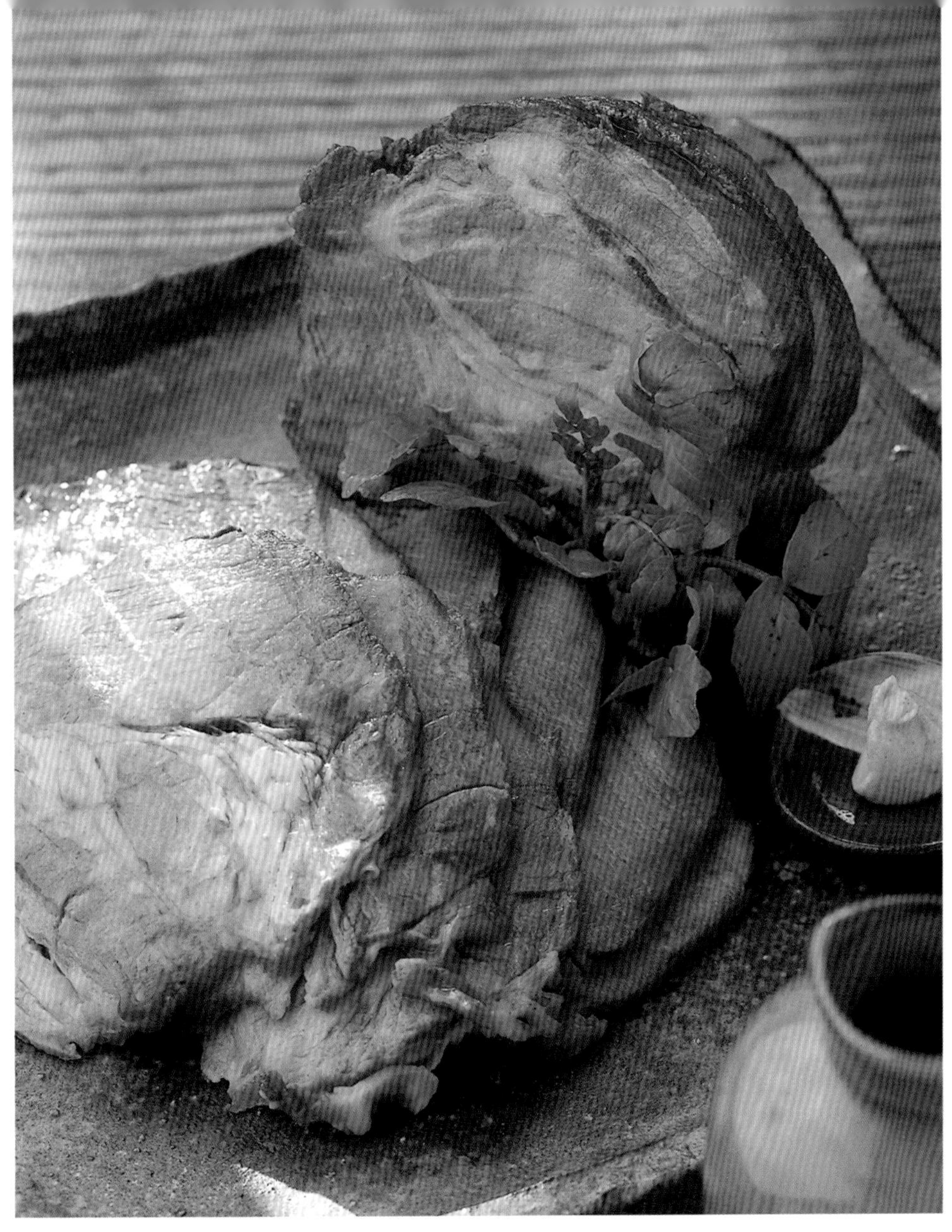

肉汁在锅里渐焦时，用清酒来冲刷。
物尽其用猪肉的『本味』。

●做法

①准备直径约 18 厘米的深锅。

把调味料以外的材料放入锅中，盖上锅盖，用较大的火煮沸。沸腾后转为中火，慢炖 50 分钟左右。中途一定要上下翻面。若用竹签刺进肉里有血水流出，则需要继续煮。肉汁变透明时，取下锅盖继续收汁。此时若锅底的煮汁高度处于约 2 厘米，则继续与锅中的肉一起炖煮；若超过这个高度，先把肉取出，加大火力收汁后再把肉放回锅内。

②继续炖煮，锅子侧面和底部的肉汁开始上色。这样脂肪会变成看上去透明的水状。将这些脂肪撇去。

③锅中已呈焦色的肉上，浇入满满 1/3 量杯的清酒，用铲子将锅壁表面的焦色洗下来。倒入 1/2 量杯开水、1/3 量杯酱油和一小勺砂糖的混合调味料，并将此酱汁反复浇在肉身上。

④肉略凉凉后，切成 5 毫米厚度的片状，淋上肉汁，添上水溶黄芥末。

●应用

可趁热直接享用。冷却后做成叉烧面或者三明治的馅料也非常好。切成细丝可用来做成中华冷面、醋拌菜；切成块状则可以做炒饭。

醋渍油炸海鲜

隶属南欧的『南蛮渍』促进食欲的冷菜

醋渍油炸海鲜在西班牙语里称作“escabeche”，法语里则为“escabèche”。这是一种将小鱼简单油炸后，用调味蔬菜和香草酱腌渍的清爽冷菜。

这道菜很开胃，发源于西班牙。将地中海丰富的海产资源，做成了与当地红葡萄酒绝配的特色菜肴。另一方面，在冷冻、冷藏尚未普及的时代，它曾是一种在常温条件下可以长期保存的常备菜。

这道菜在东欧以及面朝地中海的非洲也大受欢迎，能融入各国不同的饮食文化，据说它在非洲被叫作“skabeche”。按其特性，现在更适合作为前菜或者副菜。味道则接近于南蛮渍的西洋版。

至于日式和西式的最大差异，在于南蛮渍的腌渍汁是用米醋、盐、甜味调料、酱油、烤大葱和辣椒调配而成，而醋渍油炸菜肴的腌渍汁，其中的甜味调料用葡萄醋和小炒过的调味蔬菜代替，口感天然柔和。但两者都将蔬菜预先加热处理，来抑制调味蔬菜的刺激性，以此提高菜肴的保存时间。

另一个共通点是都能用来浸泡禽类食材。南蛮渍里的鸡肉和鸭肉是广受好评的主角。而醋渍油炸菜的原材料除了海鲜以外，还可以将鸡、斑鸠和鹌鹑等混合后再腌渍，是当地引以为傲的特色菜。文化不同的两方水土，在此关注和追求的口感却出奇相似，叫人欣慰。

做好这道菜的诀窍，首先是让鱼身薄薄沾上一层小麦粉。其作用在于，不让醋渍过的油炸鱼演变为天妇罗荞麦面里泡了汤汁涨开的炸虾。其次是对醋渍时间的把握。我之前了解到的原则，是用足量的腌渍汁浸泡半天到一夜。这或许是受了过去更注重保存度的影响。但若以口味为重，并不真的需要浸泡那么久。

前段时间，身为法餐主厨的中村胜宏先生油炸了一条牛尾鱼，随即用腌渍汁直接拌好，让我一饱口福。在烹制牛尾鱼时使它的尾巴立起，初秋的小牛尾鱼实在新鲜又美味。中村先生告诉我，这样的做法其实也来自醋渍油炸菜的启发。

用腌渍汁直接来拌菜。大家何不怀着做实验的心态，试着将油炸好的食物浸泡两小时、四小时甚至八小时呢？其中沙鳕、牛背鱼和日本绯鲤直接用腌渍汁拌，沙丁鱼浸泡两小时，较大的竹荚鱼则浸泡四小时。想必大家知道腌渍汁所用调味料的配比在夏天和冬天必须有所调整吧。

●材料（5人份）

小竹荚鱼……5—10条

鱿鱼（鱼腹部分）……1条

虾……5—10个

盐……少许

小麦粉、油炸用油……各适量

调味蔬菜

- 大蒜（压成蒜泥）……1瓣
- 洋葱（2mm厚）……150g
- 胡萝卜（切成薄片）……70g
- 西芹（切成薄片）……70g

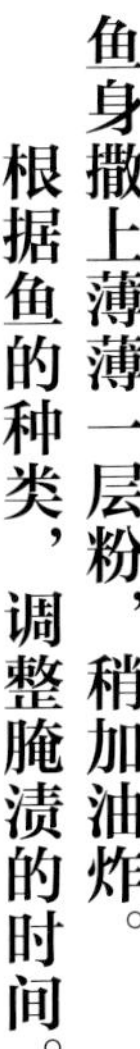

鱼身撒上薄薄一层粉，稍加油炸。根据鱼的种类，调整腌渍的时间。

●橄榄油

混合醋

- 醋……………………满满 1/2 量杯
- 白葡萄酒…………满满 1/4 量杯
- 水…………………………………适量
- 柠檬汁或者臭橙汁………2 小勺
- 橄榄油……………2 又 1/2 大勺
- 盐…………………………浅浅 1 小勺
- 胡椒………………………………适量
- 香草（龙蒿、意大利欧芹等）……………………………………适量

●做法

①调配混合醋。

②将调味蔬菜小炒过，以混合醋调味。以上工作可以提前一日做好。

③竹荚鱼骨头较硬时，可以先片成三块，撒上盐。渗出的液体用毛巾吸干，轻轻撒上粉之后稍加油炸。

④鱿鱼撕去表皮切成短条状。剔除虾线，虾尾的水分拭干后再油炸。

⑤把步骤②中的调味蔬菜浇在沥去了多余油分的油炸海鲜上，略微凉凉后冷藏。

加入刺山柑和橄榄果实风味更佳。

*关于食材。

沙鳕、日本绯鲤、牛背鱼、海鳗和公鱼等，只要用上一种就可以做成招待客人的菜肴。而沙丁鱼和小竹荚鱼等适合用来制成小菜。

醋要选择品质好的种类，兑开后再食用不仅经济而且美味。通过添加白葡萄酒和柠檬汁，使米醋的口味变得洋气。

秋日焖饭

自然的馈赠为米饭增香 亦是焖饭的一种形式

秋天馈赠给人们的山珍海味，最终都会自然地被做成美味的焖饭。

新谷收获前的中秋之时，是大米营养和口味最衰微的时期，此时为增添风味来弥补不足，出现了人们可以轻松入手的果实类和菌菇类，可谓自然造化下的法则。当然，也有类似糅饭（为节约米，将蔬菜和谷物一起放入焖煮成饭）的目的。所有的“滋味”，都来自对大自然给予的无言提示的回应，再经由内心的汲取和领悟创造而来。上至北海道下至冲绳，从各个地域的食材搭配，都能感受到这种智慧。

此次要介绍的是焖饭中的代表“香料焖饭”（图片下方）、与栗子组合成的应季“山药豆焖饭”（图片左上），以及组合方式值得借鉴的冲绳“猪肉焖饭”（图片右上）。

“香料焖饭”中的香味佐料需要注意：干香菇要使用菌柄较长、日本产原木培育的品种；油豆腐块片成纵向四等分后切成细丝；胡萝卜纵向切成细丝（不让其煮烂）。

牛蒡去涩的步骤，首先是把牛蒡削成薄片，浸入少量的水中，最后用水冲洗，这样既能保持牛蒡香味，又能把牛蒡洗得白净。

“山药豆焖饭”的原料是 3 杯米加 2/3 杯山药豆、盐、清酒和酱油。煮好后转移入木饭桶里，记得撒上一大勺新姜切成的细丝，轻轻切拌。这道焖饭不仅充满野趣，山药的营养也使身体在迎接冬季时得到了休整的效果。不只是山药豆，对含有淀粉的食材，都要以以盐为主、酱油为辅的原则调味。

“猪肉焖饭”以昆布和干香菇来调和猪肉的味道，并用姜汁抑制了肉腥味，是很出彩的一品。

若使用土锅和釜来焖饭，请在水分即将收干前，用饭勺麻利地把锅底捣松，将米饭上下翻面。所有菜饭，往往内容都浮在最上面，却让最美味的部分沉在锅底煮焦，未免太过可惜，因此我才加了这一步骤。

近来常常见到远足或运动会时出现市售的饭团。请试着把焖饭捏成饭团来代替这些加了添加剂的市售品，为参加远足或运动会的人加油鼓劲吧。

●材料（5 人份）

【香料焖饭】

米……3 量杯
干香菇……3—4 个
油豆腐块……1 又 1/2 片
牛蒡……70g
胡萝卜……70g
昆布……（5cm 方块状）2 块
清酒……3 大勺
酱油……2—2 又 1/2 大勺
盐……1/2 小勺
青柚……适量

【猪肉焖饭】

米……3 量杯
猪肉……（块）300g
昆布……（5cm 方块状）2 块
干香菇……3 片
昆布细丝……30g
清酒……2 大勺
酱油……3 大勺
盐……1/2 小勺
姜汁……2 大勺
茗荷……适量

在水分收干前，麻利地将米饭上下翻面，防止锅底煮焦。

●做法

【香料焖饭】

①干香菇浸入水中泡发，米在煮饭前一小时左右淘好沥水。

②香菇切成薄片。削好的牛蒡、胡萝卜和油豆腐等按照正文所述做预处理。

③煮饭前半小时，用泡发香菇的水和适量水总计满满 3 杯的量倒入米中。

④洗好的牛蒡包入布巾，充分挤干水分，与其他的材料和调味料、昆布一起倒入步骤③的米中充分混合，煮成焖饭。

添上青柚皮细丝更佳。

【猪肉焖饭】

①干香菇浸入水中泡发，米在煮前一小时左右淘好沥水。

②猪肉放沸水中焯水后，与昆布和香菇一起，放冷水锅里煮到肉质变软。取出昆布和香菇，肉则放在煮汁里浸泡一夜。

这是为了保证营养不流失的同时，让香菇来缓解腥味。

③将浸泡了一夜的肉切成小块，香菇切成薄片，昆布切成细丝，与调味料一起加入步骤①的米中充分混合，煮成焖饭。

④煮好后，与姜汁（生姜榨成汁）切拌混合，盛入容器，添上茗荷薄片。

* 远足等需要带饭的情况下，煮米饭时用少许酱油，加入 1 粒梅干，并将少许酱油涂在手上代替水，这样捏出来的饭团更易保存。

甜煮黄豆

融入日常的水煮豆 散发香甜与平静

若在世界地图上将大量出产豆子的地区，按豆子品种归类，会清晰地发现日本属于黄豆出产圈，中南美则明显属于青豆出产圈。

忠诚之人，踏实劳作，常怀恳切之心，认真生活——人们常常以豆子来表现让人愉悦的生命现象。豆子的发音与“忠实”相同，或许是因为豆子本身被人们寄托了信任感吧。

豆印染、豆狸猫、豆粒掌中书、豆子占卜等，这些融入日常生活、广受人们喜爱的事物，也与豆子有着密切的关联。我们的祖先理所当然地秉持人与大自然互为一体的观念，将很多赖以生存之物唤以人称。比如粥小姐、炉灶小姐、豆先生、小豆小姐等。

这里所说的豆子均指黄豆，而非红豆或四季豆。料想也应如此。黄豆是适合日本风土的植物，培育出优质的黄豆并非难事。

直接将豆子水煮，做成味噌和酱油，或者纳豆、豆腐和豆腐皮等豆制品。所有这些都依赖黄豆本身的品质，就像对生活的态度，越“忠实”越能感受到回报。在茶间点火煮豆，期间做针线活，或者看书学习。待土锅中飘出豆子甜蜜的香气，起身揭开锅盖，往火上盖灰来调节火力，抓取一些尝尝味道——这是在火钵尚存的时代里煮豆的情景。

从收获新豆的秋冬，到下一个春天，都是煮豆子的时节。寒冷季节里，身体会寻求蛋白质和脂肪。另一方面，在靠近火钵的作业环境里，煮豆工作并不艰苦，做其他事情时顺手就能煮好，早餐食用的甜煮黄豆、黄豆煮昆布和五目豆[1]都是固定菜式。

随着建筑式样的变迁，煮豆成了一项要特意去做的工作，豆子与人的缘分也因而变得疏远。

我反而更想倡导住在都市公寓里的人们自己动手做饭。因这是我们身边仅剩的一片自然之地。特别是煮豆或熬果酱时甜蜜的香气，无言地传达着平静之意。从这层意义上来看，不要气馁于两三次的失误，好好练习煮豆子吧。

成功的第一步是选择初冬新上市的黄豆。北海道的鹤子和丹波的白大豆为上品，当然各地都有值得骄傲的品种吧。

周边若有能亲手触摸、亲眼观察豆子的色泽、能确认手感的店则最好不过了。

其次是锅子的质地和火力大小。从前有专门用来煮豆的土锅。现在最适合用来煮豆的是铜制的厚深锅。锅身用厚厚的铝箔包裹着煮也是个好方法。

豆类可以冷冻。多余的豆子可以做成鸡肉炖豆或者与羊栖菜一起炖煮，烹饪方法多种多样。

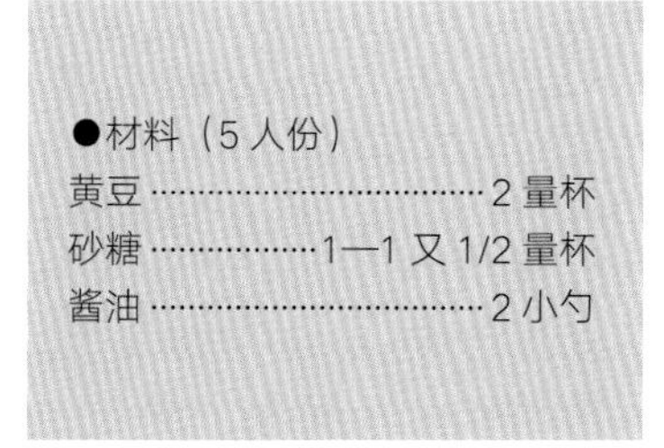

●材料（5人份）

黄豆……2量杯

砂糖……1—1又1/2量杯

酱油……2小勺

1　五目豆：把甜煮黄豆与胡萝卜、牛蒡和魔芋等食材一起煮成咸甜口味的一种菜肴。

选择初冬的新豆，用铜制的厚深锅慢炖。

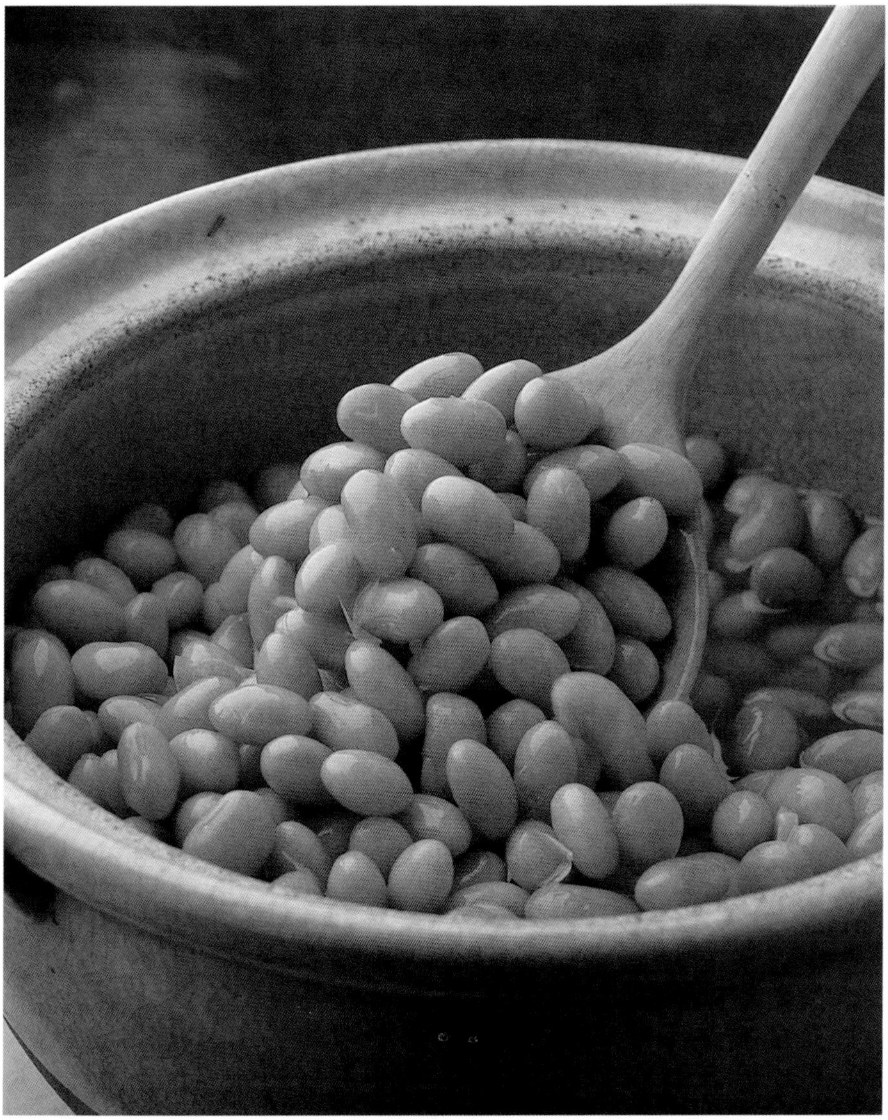

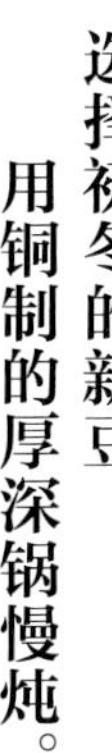

●做法

①清洗黄豆。用黄豆分量5倍的水浸泡一夜。无须换水，直接煮。当煮沸时，为了不使豆子的营养成分流失，注意将锅盖稍微打开，调小火力不要让水溢出。煮汁要确保始终没过豆子约2—3厘米，中途加水调节。

②将豆子煮到用手指可以捏碎的程度。

③加入砂糖，慢炖40—50分钟，使豆子更加绵软。快要煮好时，加入酱油煮沸关火。

煮汁太多的情况下，可以先取出豆子，待收汁后再把豆子倒回锅里。淋入酱油后，豆子冷却下来，表面产生褶皱，这是火候到位的证明。

●豆子和砂糖

"甜煮黄豆"也能当零食吃。往豆子里充分加糖的习惯，是在容易入手砂糖的明治时期以后，之前的饮食文化里很少有先例。有很多人偏爱甜煮黄豆，但是豆子优质的养分被大量砂糖盖住未免遗憾。减少用糖量，取而代之，将大豆与昆布、贝类、五目豆、吴汁[1]、浸汁豆[2]、打豆[3]等混合，都可谓是食用大豆的好方法。

1　吴汁：日本乡土料理。将大豆浸水后捣成糊被称作"吴"，之后加入味噌汤煮成的汤就叫作"吴汁"。

2　浸汁豆：日本东北、信越地区的乡土料理。将青大豆浸水一晚后煮熟，浸入用酱油和味醂调味后的出汁里的一种菜肴。

3　打豆：日本福井地区的一种保存食物。将收获的黄豆放入石臼，用木槌等敲平打碎再干燥制成。用开水煮软后可做成味噌汤、醋拌菜和炒菜等菜肴。

大德寺醋拌菜

由僧侣的心与眼创造出的连接人与自然的菜肴

追溯饮食文化的历史，不难发现寺院总能孕生新的食物和饮食方法，并经由僧侣之手发扬光大。

修行使他们的双眼和心灵澄澈如明镜，他们谦虚地观察自然与人类间的联结，整合出了成功的素斋。

僧侣们怀着为世间祈福的心愿，开发食材，引导食用方法。在这样的心意下做出的素斋，时至今日都让人身心满足。

日本的茶、味噌、梅子、腌渍菜和精进料理都以寺庙为发源地。

此次要介绍的“大德寺醋拌菜”，虽然不清楚是否由京都大德寺首创，但其中对香菇的妙用，的确只有寺庙才会出现。香菇的味道自无须多言，我曾听说食用香菇会让人内心平静，因此深受寺庙的欢迎。特别是近年，科学研究还发现了香菇所含的多糖类可以提高免疫力。寺庙想必是根据感官的体验总结出了香菇的食用效果，才安排了这样的食物搭配。

这样的料理比起其他的绿叶蔬菜，更带有一种高雅而清爽的美味。那是因为通过把绿叶蔬菜与咸甜的煮香菇拌在一起，煮汁得到了充分的利用，又在装盘之前挤入柑橘类的果醋以增添风味，表现出了一种无微不至的心意。

因有醋的加入而被命名为“醋拌菜”。最后装点锦丝蛋皮，增添柔和的口感。

即便是很容易入手的食材，只要细心处理，谁都可以做出像凉拌小菜和芝麻拌菜等这些不需要用黄油去炒，洗练而考究的绿叶蔬菜。

有两个做美味醋拌菜而不会失手的诀窍。第一，将菜叶和菜梗切断分开，分别水煮后放入冰水降温，菜叶归菜叶、菜梗归菜梗分别做成不同的菜肴。

本文的醋拌菜，只将菜叶浸入调味出汁里，再适度挤掉汤汁后做成拌菜，这个做法就像用绢丝来做成衬布一般奢侈。

第二是香菇的甄别。请选择日本的原木香菇。用木屑作为菌床培育的香菇虽然便宜，但与汲取了橡木或栎树精华的香菇不可同日而语。况且原木香菇也可以以合理的价格入手。

未来的时代更需要在下厨前掌握食材的甄别能力。这种能力是在对事物本质的探究基础上形成的。比如，香菇的发源之说是原本从新几内亚地区出发，其孢子经由台风来到了龙卷风多发的大分、高知和爱媛，到达伊势和伊豆，世代寄居在当地被风吹倒的树木上而生。在事物的本质中，创作的灵感通过令人感动的体验而生生不息。

●材料（5 人份）

干香菇……3—4 个

煮汁

- 泡发香菇的水……1/2 量杯
- 砂糖……2 大勺
- 清酒……1 大勺
- 薄口酱油……1 又 1/2 大勺

菠菜叶子……200g

调味出汁

- 出汁……适量
- 清酒、薄口酱油……各 1 大勺

鸡蛋……1 个

柑橘类果醋……适量

●盐

只用菜叶部分。推荐日本产的原木香菇。

●做法

①干香菇用水泡发，切成薄片。用泡发香菇的水和调味料将香菇稍煮入味（可在前一天准备）。

②菠菜焯水过后倒入冷水中去涩。切成 2 厘米长度，浸入调味出汁里。

③鸡蛋液加入一小撮盐做成 2 片薄蛋皮，切成细丝。

④将步骤②的菠菜与步骤①的香菇挤掉汤汁后混合，边试味边加入香菇煮汁。

⑤装盘之前淋入柑橘果醋混合，装盘后撒上鸡蛋丝。

与之前介绍过的所有焖饭都能很好地搭配起来。

* 绿叶菜的处理

将焯水后的菜叶浸入调味出汁，轻轻挤掉汤汁，注入新的调味出汁，撒些海苔丝享用。叶梗可以做成汤菜和火锅，或者焖煮菜肴的绿色点缀。做西式菜肴则可以炒制后做成蔬菜煎蛋。

醋煮沙丁鱼

绝不出错的美味 配米饭和面包皆宜

大口美食，指能让人不用多想、尽情开怀享用的美味。

代表之一是几乎可当肥料和油使用的肥美沙丁鱼。如今虽然喜爱秋刀鱼的人越来越多了，但沙丁鱼跟日本人之间有着一种无法割舍的联系，各地对沙丁鱼的烹调方法也自成一体。用沙丁鱼做菜在体现饮食文化的同时，还能补充能量，可谓一石二鸟。

解说具体做法之前，我想简单介绍不同种类的沙丁鱼的不同处理方法。沙丁鱼分成三种：鱼身侧面有七个斑点的真沙丁鱼（远东拟沙丁鱼）、下颚比上颚略短的片口沙丁鱼（日本鳀），以及眼珠大而湿润的润目沙丁鱼（沙丁脂眼鲱）。

沙丁鱼中体长约 10 厘米的被称为小羽、13 厘米的被称为中羽、15—20 厘米的则有三年以上，被称为大羽。小羽用来做成咸沙丁鱼串和味醂沙丁鱼干；中羽用来炖煮、煎烤、油炸、生腌和制作鱼丸等，是最适合烹饪的食材。大羽的最明智吃法，我认为应属放入米糠中腌渍的“米糠沙丁鱼”无疑。

片口沙丁鱼在不同地区叫法上也有差异，在一些地区被叫作背黑沙丁鱼、缩面沙丁鱼和大肚鳁等。千叶县九十九里町的黑芝麻腌渍沙丁鱼，是一道极其考究、营养平衡的美食。正月里则有田作[1]、榻榻米沙丁鱼[2]这些鱼类加工品。而意式菜肴里经常出现的油浸鳀鱼，其实正是片口沙丁鱼的盐渍鱼柳。

润目沙丁鱼所含的脂肪较少，不太适合烹饪，但稍加烘干则美味无双。土佐的润目沙丁鱼和富山县冰见出产的沙丁鱼干并列为同类中的佼佼者。

本文要介绍的是“醋煮沙丁鱼”。其烹调法除了无烟以外，比起一般咸甜口味的煮鱼，它的风味绝不会出错。这道菜常用中羽沙丁鱼来烹制，但只要手法正确，大羽也能做出美味成品。也可以选择较大的片口沙丁鱼。若用中羽沙丁鱼或片口沙丁鱼，按照下文的步骤即可。若是大羽沙丁鱼，则需要将鱼身对半切开，同时为了减少油脂，保持更好口感，需先放在加了醋的水中煮过之后，再正式烹煮。水煮的时间控制在沸腾后约 3 分钟，以防营养物质流失。

醋煮因使用了醋和梅干，口感清爽。搭配米饭自不必多言，与面包类的主食竟也很合适。

另外，小竹荚鱼和鲫鱼经过醋煮也是别致的美味。比起沙丁鱼，口感更温润。

●材料（5 人份）

沙丁鱼……1.2kg
生姜……（拇指大）2 片
红辣椒……5—6 个
梅干……2 颗
山椒叶（或者煮过的山椒籽）适量
醋……1 又 1/2 量杯
酱油……2/3 量杯
清酒……1/2 量杯
水……1/2 量杯
砂糖……2 小勺
水溶黄芥末……适量

1 田作：小沙丁鱼干。因日语里发音与“健在”相同而被用作正月里寓意吉祥的食物。
2 榻榻米沙丁鱼：将沙丁鱼的幼崽清洗后，直接或水煮后放在细网上晒成薄薄的块状（网状）鱼干。

用醋和梅干营造清爽口感。
添入少许水溶黄芥末。

●做法

因冷却后味道更佳，推荐提早制作。在冰箱中可轻松保存4—5天，可适量多做一些。

①仔细去除鱼头和内脏。在水流较小的水喉下沿着鱼背脊冲洗，用手指抠去血块。

②在搪瓷锅或者搪瓷托盘里，铺上中间部分细细撕开的竹叶。将洗好的沙丁鱼有序排列，在鱼身上撒上切好的姜片、辣椒、梅干，若有山椒叶更佳。加入各调料和水，盖上剪开小口的油蜡纸，开始烹煮。

③煮沸后，将十成的大火调小到三四成，半盖锅盖，慢慢炖煮收汁。收汁并非指汤汁完全收干的状态，而是指汤汁收到原先总量的1/4左右。

装盘时将煮汁少量浇在冷却的鱼身上，不要忘记添入水溶黄芥末。

* 锅底铺竹叶的目的是防止沙丁鱼黏在锅底。取出时，只要提起竹叶的两端就不会将鱼弄碎。

●应用

煮竹荚鱼时不用山椒，煮约15分钟就足够了。

佃煮鲣节

母亲给在外打拼的父亲所寄美食
品尝本枯节[1]的本味

在每个家庭代代相传的食物背后，一定有故事。这些故事不会因随时代变迁、光阴流逝而磨灭，更像一种象征一个家庭毅力的族谱，激发人们守护和传承的天性。

六十多年前，父亲一人在外打拼，经常会寄回一些手绘形式的明信片。其中一次寄回来的明信片上，画着寿司饭团和蘸汁荞麦面，并写着“实在太想吃了”。

母亲担心父亲的安危，整日忧心忡忡，寝食难安。一番深思熟虑后，她将几根鲣节刨成花，使之吸尽清酒、味醂和酱油，做成了佃煮菜。把干荞麦面、海苔、七味粉和备注了“用开水冲泡后会变成即食荞麦蘸汁”的佃煮菜放入大木箱里寄给了父亲。这是我父母的爱情故事。

佃煮的价值还在于能激发食欲。小时候，只要发现我的便当里连续几天有剩菜，母亲就会为我做图中的寿司卷。加了炒芝麻的醋饭铺在代替海苔的蛋皮上，鲣节芯子做成的佃煮菜里加入干紫苏碎末和红姜末一起混合，是一道让我停不下来的美味。我曾听说过癌症末期的患者，靠这个佃煮菜配粥度过了生命的最后时期。

要做出最美味的佃煮，秘诀是先刨下本枯节表面约 7 毫米的部分用来熬味噌汤的汤底，只留下芯子用于佃煮。

幸运的是本枯节的制作方法被保留了下来。只要细心对待，高价的本枯节必然物有所值。我实在不希望看着鹿儿岛和四国沿海出产的本枯节就此失传。有些地方会将鲣节表皮和内芯分开刨成不同的鲣鱼花，或者只用外皮刨成鲣鱼花。我母亲自不用说，我也曾亲自刨鲣鱼花，而如今我已改用机器刨出来的鲣鱼花。与一来一回精心刨出鲣鱼花的母亲相比，现在的轻松，反而让我愧疚。

调味料的使用也要注意。味醂要选择本味醂[2]，清酒则要用本酿造[3]的产品，酱油也要择优。到了我这代，会控制酱油的用量，并放上一颗梅干，既便于保存又能让口感清爽。红紫苏粉和红姜虽然不是必需，也请分别加入来尝试不同的味道。

整个烹调过程简洁利落，留给你的，无非是动不动手的问题。

●材料（5 人份）

鲣节（刨成花后揉搓成粉末状）……1 量杯
清酒……1/2 量杯
本味醂……1/3 量杯
酱油……1/2—1/3 量杯
水……1 量杯
梅干……1 颗
红姜（切成碎末）……适量
干燥紫苏碎末……适量

1　本枯节：完全按传统霉菌腌制工艺制作的鲣节。整个工艺历时半年，非常烦琐。

2　本味醂：糯米加上米曲及烧酎发酵而成的味醂，含有 13%—14% 酒精，而味醂风调味料是以葡萄糖及麦芽糖人工合成的，酒精含量一般不到 1%。

3　本酿造：酿造用酒精的添加量低于规定量（白米重量的 10%）的清酒。添加酿造用酒精是清酒酿造中的一种特殊工艺。未添加酒精的清酒口感更厚重，添加少量的酒精则会使酒香更华丽，酒体更畅快。

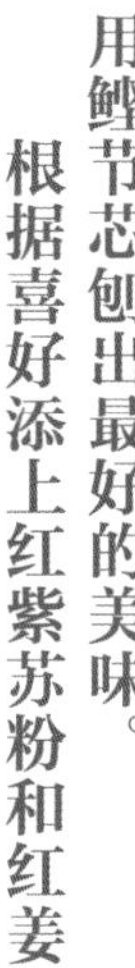

用鲣节芯刨出最好的美味。
根据喜好添上红紫苏粉和红姜。

●做法

①用一个不沾油脂的平底锅，低温预热后放入刨好的鲣鱼花轻轻干炒，鲣鱼花变脆即可。冷却后用手揉搓，将鲣鱼花揉成粉末状。

没有揉成粉末状而直接往鲣鱼花中加入调味料做出来的，尝一口就知云泥之别。

②将鲣鱼粉末和各种调味料、梅干以及水倒入搪瓷锅内，充分混合后开小火慢煮，煮的过程中用木铲不停搅拌。

通过加水，使鲣节的成分被泡开，之后慢煮到干爽的状态，使鲣节再度吸收被泡开的成分。因此水发挥着重要的作用。

用昆布出汁代替水则比较适合给病人食用。

因为使用搪瓷锅，很容易烧焦，若希望干燥清爽，到快要煮好时，可以把整个锅隔着热水加温。如果用昆布出汁的话更容易煮焦，要时刻注意锅底的状态。

最后根据喜好加入红紫苏粉和切好的红姜即可。

●附记

佃煮里不要加核桃、松子和芝麻等，不然会改变佃煮本来的味道。

煮油豆腐三种

用于增添风味的名配角 经细心烤制摇身变主角

主角、配角，以及不显山露水的关键角色——不止演剧的舞台，在料理的世界，也有主角、配角之分，有时候配角甚至能决定主角的生死。配角的种类纷繁，其中白萝卜泥和油豆腐，则是配角中的名角。

这回我要介绍的是油豆腐。它很有趣，不过是控干豆腐的水分后油炸而已，却未料到它有这番能耐，让加与不加它的菜，口感如此不同。

天渐凉了，就和白萝卜丝一起煮成味噌汤。若不加油豆腐，能很明显尝出白萝卜的微苦。煮羊栖菜和干萝卜丝的菜里若没有油豆腐，对出汁的要求就会非常高。馎饦锅[1]、相扑火锅、锅烧乌冬面、油豆腐乌冬面、豆腐皮寿司、香料焖饭等——从各种佐菜的配角到成为主角的酱烤油豆腐，究竟都是由谁在什么时候创造出来的呢？据说它们比烤豆腐、油炸豆腐饼和油炸厚豆腐更古老。

处理这位名配角最费劲的是撇油。哪怕只处理一片油豆腐，也必须清洗小锅和水池。一次性撇油后冷冻起来的，最终油豆腐还是会相互粘连。我经过思考后想到的办法，是将一周的量切好，只稍加调味后一起炖煮。控制调味是为了在与其他食材搭配时，作为配角的油豆腐不抢了其他角色的味道。别忘了加梅干核以防腐。

煮好的油豆腐切成细丝用于味噌汤和煮青菜；切成短条状做成油豆腐乌冬面或火锅，炖萝卜和芋头时也可以放入；大块切段的油豆腐则可做成“酱烤油豆腐”。

一般的酱烤油豆腐是将炙烤后的油豆腐“唰啦”一下浸到清酒、味醂和酱油混合的酱汁里过一遍，再烤制而成。上佳的做法也是用毛刷涂上酱汁再炙烤，最后佐以白萝卜泥享用。

这里推荐一种更洗练的方法，做出别致的酱烤油豆腐。

成品所追求的是干豆腐皮的酱烤效果，它原本属于精进料理的一种。先折叠干豆腐皮，油炸后撇油，再炖煮出浓厚的口感。接下来沥掉汤汁，炙烤过后切开，撒上山椒粉即可享用。

然而在关西以外的地方很难买到新鲜的豆腐皮，因此我们用口味上乘的油豆腐来代替，先行炖煮，再炙烤，撒上山椒粉。效果与粗糙的酱烤油豆腐不在一个层次，用来当下酒菜和便当菜都很合适。“即便像油豆腐这样普通的食材，用心料理都会带来惊喜。”这应算是无须言传的家庭教育吧。

【煮油豆腐三种】

●材料（5 人份约 1 周的量）

油豆腐……10 块

煮汁

- 出汁……2 又 1/2 杯
- 清酒……2 又 1/2 大勺
- 酱油……2 又 1/2 大勺
- 梅干核……2 颗

【别致酱烤油豆腐】

●材料（5 人份）

预煮过的大块油豆腐……10 块

追加调味料 清酒、味醂、砂糖、酱油……各适量

山椒粉……适量

1 馎饦锅：以日本山梨县为中心的乡土料理。将小麦粉做成扁面条，与南瓜等蔬菜一起以味噌汤为底料煮成的火锅。

根据用途改变切法，一次准备一周的量。

●做法

【煮油豆腐三种】

①将所有的油豆腐撇油、水洗。切成 2—3 毫米的细丝、2.5 厘米的短条状和对半切成大块。

②锅里调好煮汁，将步骤①的三种油豆腐分别倒入锅中慢煮。

③待放置略凉后，将三种油豆腐分别放入不同容器，冷藏保存。放入保存容器中的油豆腐自制作日起的第四天需要重新加热。也可以冷冻保存。

【别致酱烤油豆腐】

①将油豆腐用两手压平，轻轻挤去煮汁。

②把挤出来的煮汁和上文煮油豆腐的煮汁一起熬煮。因为浓郁的蘸汁比较美味，可以追加调味料来添味。

③步骤①的油豆腐放在烤网上炙烤到表面微焦。串在金属钎上烤制最为轻松。用调羹舀上步骤②的煮汁浇在烤油豆腐上即可。

④把烤好的油豆腐切成适合食用的大小，盛入预热过的盘子，最后撒上山椒粉。

杂菜拌豆渣

总也吃不厌 来自母亲的配菜

定量的主菜之外，可以持续添的配菜——比如大深钵里满满的厚油豆腐和昆布丝、油豆腐配羊栖菜、凉拌煮青菜、干萝卜煮芋头和杂菜拌豆渣等。

与腌渍菜、水煮豆和佃煮不同，这些配菜能连下好几碗饭，还能传达作为母亲的心意。从营养学的角度来看，也非常健康。希望大家不要浪费，全部吃完。本文要介绍的就是其中的一道“杂菜拌豆渣”。

豆腐制作完成后剩下的豆渣，有着浓郁的豆香味，彰显了它含有黄豆完整的营养元素。用日本黄豆做的豆腐与进口品之间的差异，孩子们应该最清楚吧。我这个刻薄的老婆婆坚信日本是收获世界第一美味黄豆的国度，说起大豆一定能让人想起日本的黄豆，希望借此机会大家能切身去感受这一点。

以前的豆渣被当成猪饲料用，不花钱就能入手，现在却变得难寻了。话虽如此，各地还是有一些自家用的美味黄豆的。期待有一天日本黄豆的产量翻倍。

处理豆渣一般有两种方式。一种是先挑去里头的粗皮，把豆渣炒到像雪花般蓬松柔软后再调味，最后撒在腌渍过的鱼身上，这种菜肴被称作“豆渣撒花”，其中以广岛和宫岛的为最上品。

本文介绍的杂菜拌豆渣，是把豆渣直接倒入油量充分的平底锅里，炒到干燥松软后，加入已在别的锅中炒好的其他材料，再度翻炒，直到汤汁收干。装盘时添入切碎的葱花，为增加嚼劲再适度添加火麻仁，最后撒上细姜丝即可装盘。

其中另加的材料，有泡发香菇的薄片或者黑木耳细丝、胡萝卜细丝，也有人会加油豆腐。煮这些食材的汤汁，可以借助贝类、虾、螃蟹或章鱼等海鲜来去除豆渣的生腥味，极其美味。过去，蛤蜊肉还是家常菜的代表，煮好的贝类常被用来当午餐和便当的配菜，汤汁则略收干后用来煮拌豆渣里的杂菜。

这次我仅用了鱿鱼这一种海鲜食材。把鱿鱼须和肉鳍切碎后焖煮，可以为整道菜提味。把剩下的虾头用油炒后敲碎，与生姜、葱和调味料一起慢炖，用上这么美味的煮汁，就能得到超乎寻常的好滋味。用寿喜锅剩下的煮汁，也能得到同样的美味。

无论做饭还是日常生活，物尽其用都是一种值得称道的态度。珍爱人生的心和经验带来的手感，是我内心深处母亲的背影所教会我的东西。

●材料（5 人份）

豆渣……4 量杯

鱿鱼须和肉鳍……2 条

胡萝卜（细丝）……100g

干香菇或者黑木耳（泡发后切薄片）……4—5 片

煮汁：盐少许 清酒、砂糖、酱油各 2 大勺半 水 1/2 量杯

四季豆（盐水煮过后切碎）……少许

大葱葱白（切成 7mm 碎末）……1 根—1 又 1/2 根

细姜丝……（拇指大）1 片份

火麻仁（手头有的话）……2 大勺

芝麻油或者橄榄油……2 大勺

炒到干燥松软，
最后撒上葱末来增添香味。

●做法

①平底锅内倒入油，将豆渣炒到干燥松软。火力控制在三四成左右。最后若有炒焦的迹象，可以隔着热水加温。

②在炒豆渣的同时去除鱿鱼皮。鱿鱼须顶端一定要切除，吸盘用刀刮过。用研磨木棒大力敲打鱿鱼须，不仅可以使肉质松软，还容易入味。另取一锅，将煮汁与鱿鱼须和肉鳍一起烧煮。

③将香菇（或者黑木耳）和胡萝卜倒入步骤②的锅内，稍加炒制。也可以加入泡发香菇的水和少量调味料来补足味道。

④等食材入味时，转移到步骤①的豆渣锅里，把锅中的所有食材充分搅拌混合，再稍加炒制。

⑤加入葱末、四季豆和火麻仁，等葱末略变软时关火。装盘时撒上细姜丝。

*需要重新加热杂菜拌豆渣时，可以放入蒸笼隔水加热。

剩面包小点心

最适合食欲旺盛的孩子
补充在补习班消耗的气力

“哎呀，面包变硬了。而且好像分量也少了点。”

这句话正巧被来我家玩的朋友听到，她说“这样做不就好了嘛”，然后利落地把面包撕成小块，依次浸入牛奶和鸡蛋的混合液里，使面包变软。小麦粉和泡打粉一起过筛，与已经充分软化的面包稍加混合，在跟我东一句西一句闲聊的时间里，做出一个又圆又大的烘蛋糕。

我的这位朋友曾是一位个子小巧、总是喜笑颜开的女孩。长大后变成一位脑子灵活、能力超群的女性，如今她依然能应对各种问题，让周围的气氛变得轻松明快。“利落”这个词用在她身上非常贴切。

我记得那时她还浇上了黄油和枫糖，以此作为早餐再合适不过。不仅完美掩盖了泡打粉的呛味，快速流畅的操作过程也深具美感，打那以后，只要遇到面包发硬，我都会顺便做上一大个烘蛋糕。

不知从何时起，我喜欢上了加入剩余蔬菜和肉类的咸味烘蛋糕。特别是加了韭菜和火腿的烘蛋糕，因能补充精力而受好评，最适合给发育期食欲旺盛的孩子食用，应该能补充孩子们在补习班消耗的气力吧。它同时也是啤酒的好伴侣。

分量和做法都没有特别规定，但为了做出蓬松感，最好选择法式面包。若选用吐司，成品的口感会接近米糕。

店里买来的韭菜需要稍加炒制，自家地里生长的则可以直接用生的。我没有将韭菜翻盘换土，而是有意让韭菜劣化，使其香味变淡后代替葱来使用。生韭菜用来制作沙拉和给各种料理提香，从来没人抱怨过有“臭味”。

用液体（牛奶）和鸡蛋来浸泡食材时，液体 400 毫升兑鸡蛋三个是标准用量。按照这个比例可以自行增减。面包本身已是经过烤制的原料，再经烘烤时，约 2 厘米的厚度最为合适，应比热香饼更容易熟。切记盖上锅盖。

烤熟的证明是表面出现螃蟹洞般的孔洞，此时盖上一个盘子顺势上下翻面，去掉锅盖继续烘烤。

处理剩面包有烘烤、蒸制和煮的方法。因为我们食用面包的历史还很短暂，遇到面包变硬的状况容易束手无策。而在东欧，面包团子（knedlíky）通过蒸制可以做成副菜；西班牙的隔夜面包也被当成炖煮菜的馅料，都叫人不由称赞。蒸制以面包团子为原型，不需要小麦粉，把剩面包和牛奶、鸡蛋以及少许盐混合即可，可与炖煮肉类一起享用。这不失为一种应变能力。

●材料（5 人份）

法式面包……200g
小麦粉……1/2—1/3 量杯
泡打粉……2/3 小勺
牛奶……1 又 1/2 量杯
鸡蛋……2 个
韭菜（7mm 碎末）……1 量杯
火腿（1cm 小块）……2/3 量杯

牛奶和鸡蛋充分混合后浸入面包。
烘烤时务必盖上锅盖。

●做法

①法式面包去除底部，切块或者掰成小块。

②深碗里加入牛奶、鸡蛋和 2/3 小勺的盐充分搅拌，把步骤①的面包块浸入其中。观察面包的干燥程度，可以适量增加牛奶的用量。用手按住面包，如海绵吸水般，使面包充分吸收混合液。

③把小麦粉和泡打粉混合过筛。

④韭菜加入少许盐略加炒制。

⑤把炒好的韭菜和火腿加入步骤②的碗中，充分搅拌混合，最后倒入步骤③的小麦粉和泡打粉中，稍加混合。

⑥中火预热的厚锅里涂上油，将火稍稍调小后倒入步骤⑤的食材并摊平。盖上锅盖，如上文所述进行烘烤。一般会比想象中更快烘熟。

⑦装盘。将大只的烘蛋糕切开，我个人喜欢直接这样享用，也可以如大阪烧般涂上酱汁后食用。

* 想吃甜味的烘蛋糕时，把糖煮苹果和无农药的柑橘类去皮后切碎，一起混合后再烘烤。

波隆那肉酱

廉价肉下足功夫
做出让人安心的基础酱汁

波隆那肉酱（salsa bolognese）起源于意大利北部著名的畜牧产地博洛尼亚，是当地居民自行发明的特色酱汁。“自行发明”是所有民族菜肴共有的特点，也是当地风土与人情合一时所迸发的动人力量。

想起三十多年前，我的老师安东尼奥·卡鲁索曾经评价过我做的酱汁。

“嗯，做得不错，但总觉得少了点什么。你用了猪肉的哪个部位？”

“上好的猪腿肉。”

“我明白了。你用的肉太好了。但是酱汁吧，原本是普通人民把掌权者用剩下的边角料，自己下功夫熬出来的东西，明白吗？”

那不勒斯人一段5分钟不到的评价，改变了我对饮食文化的认知。依靠土地特质和人们从代代在此生活积累的智慧中诞生的食物，虽然不断被重复，但是它们的存在却给了人生活上的慰藉。

日本的孩子们也很爱配了这道酱汁的菜肴。看着刚长出乳牙的孩子吃着用意大利面或米饭、土豆与豆腐组合起来的千层面式菜肴时，那种津津有味的模样让人既欣喜又安心。

安心感来自懂肉的人配比食材的完美平衡。也即用三倍于肉量的蔬菜和足量的仔牛骨炖汤，一起熬煮两个小时。与酱汁分离、浮于表面的脂肪要全部撇去。这和用来做成肉饼的肉糜吃上去完全不在一个档次。幼儿纯净的身心喜爱这样的味道无可厚非（也适合体弱需看护的老人），可算是一道基础酱汁。

成功做出这道酱汁的要点略记如下：

①至少使用800—1000克的牛腿肉。

②已经切成碎末的蔬菜混合之后再切细。

③附着在锅壁上的鲜味成分，一定要用红葡萄酒来冲刷。（我的老师曾说过“不用红葡萄酒的话就干脆不要做了”。）

④原本要用到仔牛骨炖汤，家庭制作可用富含营养的鸡骨炖汤。

⑤肉豆蔻和丁香是这道酱汁香味的来源。

⑥耐心熬煮。撇浮沫的同时注意不要撇去油脂，撇去油脂也就带走了汤汁的原味。

⑦最后锅中酱汁的状态是，酱汁本身与脂肪层分离，被染成番茄色的脂肪浮在表面。这层脂肪需要撇去。

熬煮好的酱汁里肉和菜浑然一体。没有肉腥味，香气十足，吃完不会觉得腻味。这是一道来自我老师亲传的菜谱。除此以外，还有加咸猪肉或猪肉等的做法。本文介绍的方法最简单易做。

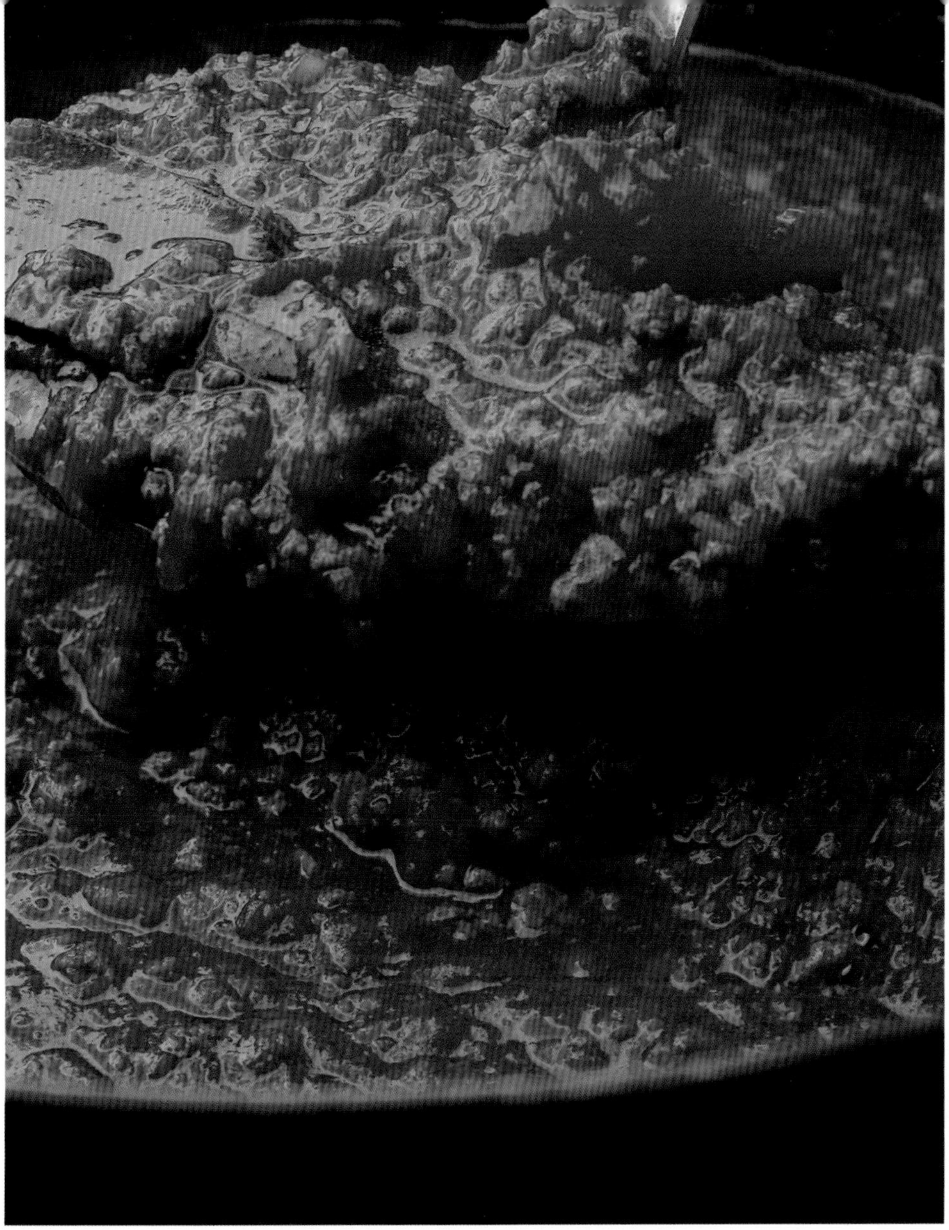

撇去浮沫耐心熬煮。
脂肪层留待最后撇去。

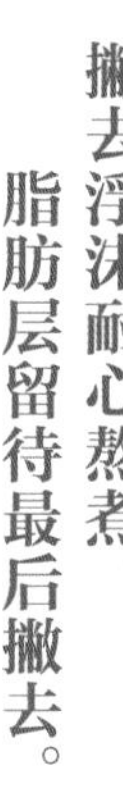

●材料（5 人份）
牛腿肉……………………800g—1kg
大蒜…………………………………2 瓣
洋葱、胡萝卜、西芹
……………………………各 200—250g
干香菇（泡发）…………1/2 量杯
橄榄油（煸炒用）………1/2 量杯
小麦粉……………………………3 大勺
红葡萄酒…………………………2/3 量杯
水煮番茄…………………800g—1kg
番茄酱……………………………适量
鸡汤………………………………12 量杯
香辛料
肉豆蔻 2/3 小勺　月桂叶 2 片　丁香 5 根 胡椒适量
●盐、砂糖

●做法
①将洋葱、西芹和香菇切成碎末。倒入炖锅内蒸炒。炒完后关火。
②另取一个锅，将在室温下回温的肉和带皮大蒜分两次倒入锅中，炒到肉表面略有焦色为止。
③把步骤②的材料倒入步骤①的锅中，仔细翻炒。撒入小麦粉并搅拌均匀。
④用红葡萄酒冲刷步骤②的锅壁，倒入步骤③的锅中。
⑤把水煮番茄撕碎后入锅，再加入汤、肉豆蔻、月桂叶、胡椒、切成 1.5 厘米薄片并插上丁香的蒜片、一大勺盐、2 小勺砂糖以及番茄酱开始熬煮。也许会感觉量太多，但正因如此才能熬煮出口感上佳的酱汁。中途不要忘记搅拌锅底，撇去浮沫。

十一月

柚香烤青花鱼

当季食材油脂与香气的调和 将庶民之味转为怀石之调

饮食文化进步的开端，是从习以为常的日常中发现新意，也就是所谓的“发掘”。“擅于发掘”与“不会发掘”之人的差别究竟是从何而生、又是如何而生的呢？

本文介绍的“柚香烤青花鱼”是由已故的怀石料理老店“辻留”主人辻嘉一老师发明的菜肴。撒了盐的青花鱼是庶民菜的代表。这道柚香烤青花鱼，经由具备非凡眼力和审美的老师的“发掘”，展露新颜。

进入十一月，青花鱼长出丰富油脂，变得肥美。等到日本柚子渐渐染黄，鱼脂也变得细腻，口感更胜一筹。这道菜的做法可以从晚秋一直沿用到冬季青花鱼上市。使用冬季青花鱼可以做成怀石风格的料理。

在本文的调味料中，为了让不太便于大量使用日本柚子的人轻松制作，我另外添加了细葱和法国第戎颗粒芥末。

细葱是长崎的朋友送给我的。很幸运的是它们在我的田里长势甚好，像竹签般细长的细葱，没有失去原本浓郁的香辛风味。第戎的颗粒芥末有很多种类，这次我用了大家一般都可以买到的马利（maille）公司的产品。善加利用黄芥末的香气和清爽的酸味，也是不错的选择。

“用大葱和手边的芥末膏差不多也能做吧。”可能各位情况不同，如果能买到九州的细葱和整瓶颗粒黄芥末，当然更好，请不妨尝试一下我的方法。

要成功做出这道烤青花鱼的关键点，首先是鱼身撒上一定量的盐，腌渍约两小时并擦干渗出的液体。另一个关键点是将日本柚子塞入鱼块的切口。请仔细观察图片上的切口，并未完全切断。还要留意鱼块是中间厚而两端薄。辻嘉一老师没有特别提及过这两处用刀的要点。要选择尖端锐利的刀具，利落下刀，将刀顺势拉到身侧。

烤好的青花鱼因已预先撒盐腌渍了2小时，味道均衡，日本柚子的香气和优雅的酸味与鱼皮的焦香融为一体。和单纯将盐渍青花鱼烤好后挤上日本柚子汁、配白萝卜泥的吃法，有云泥之别。细葱和颗粒芥末请根据喜好酌量使用。

这道菜肴不仅成品效果佳，烹调过程也很省力。只是将鱼依次放入刷了油的烤盘，再放入烤箱里，不用担心因脂肪而四起的烟雾，轻轻松松就能品尝到热腾腾的柚香烤青花鱼。

●材料（5人份）
青花鱼（新鲜的）……2条
粗盐……适量
A= 日本柚子……1个
B=5大勺切碎的细葱和3大勺颗粒黄芥末的混合物
●醋、色拉油

十一月

切出美丽的刀口，烤前添上细葱和颗粒芥末。

●做法

①将青花鱼片成 3 块。鱼主骨不要丢弃（可以撒上盐做成船场汤[1]）。

②鱼块两面撒上盐，装入容器，放入冰箱静置 2 小时。

③用薄盐水和少许醋的混合物，或者加了白梅醋的水将静置后的鱼块稍加清洗，取出后用厨房纸巾吸干水分。

④ 1 人份为 2 段，可按人数准备材料。把洗好的鱼块切成 3 段，按照正文所述在鱼身上留下切口。其中一半的鱼块切口里塞入切成半圆形的 A，剩下一半的鱼块里填入 B。

⑤将步骤④的鱼块依次摆在刷好油的烤盘里，放入已充分预热的烤箱上层，烤到鱼块表面产生焦色。

没有烤箱，可以使用烤鱼网等其他方式来烤制。

●应用

剩下的鱼块在醋里浸上约 10 分钟，做成醋渍青花鱼享用，也可以烤好之后作为第二天的便当菜。鱼骨和鱼肉的剩余部分与萝卜一起炖成船场汤。

●关于辻嘉一老师

辻老师深爱日本的食材和烹饪法，他认为只有用心制作的料理，才能帮助培育出一个最完善的人格。老师生前著作多达 80 余册。其中已绝版的著作虽然不在少数，但我仍衷心推荐年轻人通过阅读老师现存的著作，去更进一步了解饮食所包含的深意。

1　船场汤：诞生于日本大阪府船场的庶民料理。多以盐渍青花鱼和白萝卜等蔬菜炖煮而成。

青花鱼肉松

曾在战争年代装点餐桌的中坚力量
跟随时代脚步变迁为健康美味

说起“鱼肉松”，一般的印象是装点在寿司上可有可无的淡粉色，或者鲷鱼饭。根据文献记载，原本制作鱼肉松的原料似乎是鲣节，如今则变成了鲷鱼、鳕鱼和鲨鱼，更高级的是虾。除了虾以外用的都是蒸过的鱼肉。

本文介绍的“青花鱼肉松”与前篇的烤鱼，无论在味道还是营养上，都相映成趣。其实最初的发想是“剩下的青花鱼再加热好像不是很有食欲啊，不如做成鱼肉松试试？”，未料做出来的成品让人惊喜。往用酱油调味过的黄枯茶饭[1]上撒鱼肉松、细姜丝和海苔丝（如图所示），很适合年轻人食用。在食物短缺的战争年代，也曾热闹了餐桌。

和平年代也一如当初，出发点是处理煮剩下的青花鱼，目的是制作鱼松。

将对半片开的青花鱼煮好，中途剔下鱼肉，收拾鱼骨。这件事，我居然做了差不多三十年之久。用这个方法，鱼的皮下脂肪将渗出与煮汁相融，与鱼肉松混合在一起。物质匮乏的年代需要体力，这样的做法能带来饱腹感。但顺应当下时代，需要去除脂肪，合理剔骨，这就是我接下来要介绍的方法。

首先，将青花鱼片成 3 片，腹部鱼骨去除，剩下鱼主骨善加利用。这是为了让鱼肉松吸收鱼骨的营养和美味。鱼主骨和生姜一起在淡淡的咸甜味汤汁里慢炖 25 分钟。25 分钟是确保骨头腥味不渗出的极限时间。

此时从煮汁中取出鱼骨，放入鱼块静静慢煮。鱼身皮下脂肪凝固时，取出鱼块放入平盘。用小刀去皮，并小心剔除包裹鱼身的脂肪。接着顺着鱼肉的纤维走向割开，会看到鱼肉里排列着小鱼骨，将其剔除。过滤锅中的煮汁，将剔骨后的鱼块和从鱼主骨上刮下的鱼肉一起炖煮成肉松状。

若要发掘事物和事情的本质，就不能轻易妥协，敷衍了事，而是要不断审视既成的习惯。用同样的方法也能制作出大竹荚鱼的鱼肉松。但无论如何，不能因没有约定俗成的做法而将就使用品质不佳的鱼。材料的优劣会影响到最终的成品。为了让你说出“这竟然是青花鱼，好吃得不像青花鱼”的评价，我会全力以赴。

●材料（5 人份）

【青花鱼肉松】

青花鱼（体长约 23cm）……2 条

- 生姜（薄片）（拇指大）……2 又 1/2 片
- 清酒……1/2 量杯
- 酱油……1/3 量杯
- 砂糖……4 大勺
- 水……1 又 1/2 量杯
- 山椒叶……15 片

【黄枯茶饭】

- 米……3 量杯
- 昆布（5cm 方块状）……2 块
- 清酒……1 又 1/2 大勺
- 酱油……1 大勺
- 盐……1/2 小勺
- 水……3 又 1/3 量杯

药味佐料（细姜丝、海苔丝）适量

1　黄枯茶饭：加了酱油、清酒等调味料蒸煮的米饭。（参考“材料”部分）

鱼主骨的煮汁来煮鱼肉，
煮熟后去除皮和脂肪。

●做法

【青花鱼肉松】

①把新鲜的青花鱼按照上文所述片成 3 片，每片切成 3 小块，鱼主骨切成 4—5 小段。

②把所有调味料倒入锅中煮沸，加入鱼骨，盖上锅盖静静炖煮 25 分钟。

③从锅中取出鱼骨。请最好品尝对比一下煮鱼骨前后煮汁的味道差异。

将鱼块放入锅中煮约 5 分钟，按照正文所述去除皮和脂肪，剔除小鱼骨。

④过滤煮汁，品尝味道。根据需要进行调味。

把煮汁和煮好的鱼块一起重新放回锅中，加入从鱼主骨刮下的鱼肉，用 4—5 根筷子搅碎鱼肉，做成鱼肉松。用汤勺的底部轻压鱼肉则效率更高。出锅之前将锅子隔水加热。如果在意鱼腥味，可以淋上清酒再出锅。

【黄枯茶饭】

用材料表所示的分量煮好米饭。

* 黄枯茶饭原本是由茶汤煮出的米饭。现在的做法只保留了“染色”的概念。也可以叫作樱花饭。与鱼肉松一起享用，就如关东煮与茶饭一样般配。

比起白饭，黄枯茶饭在口感上与青花鱼肉松更相融，撒上细姜丝和海苔丝也很有必要。如果正好遇到青紫苏收获的季节，撒上紫苏亦美味。

与之搭配的菜肴可以是豆腐蔬菜汤、浸汁青菜和两三种腌渍菜等。

根菜卷织汁

根菜养生 寒冬里温暖身体

晚秋时分寒意渐生，白萝卜、胡萝卜、牛蒡、莲藕和芋头，所有的根菜都变得更美味。根据药食同源一说，这些根菜对于疾病的治疗以及预防都有效果。“卷织汁”是将根菜搭配起来，并加入香菇、豆腐、油豆腐、魔芋，添上少许植物油，一起放入出汁里炖煮成的汤品。

它曾是伴随着民族繁衍生存的食物，虽然从未被估量过价值，但从让身体由内而外感受温暖、帮助人们熬过寒冬的这一点，其价值也应被认可。此食用方法看似简单，实则不可超越。请带着准备越冬的心情，将其代替药汤食用而多喝几碗吧。对于料理人，也请怀着一种让食客能自然地想再续一碗的心愿来做这道汤品。

本文的介绍也将以“让人再续一碗”为主旨。

“把多种蔬菜切成小块，放入同一个锅里煮软，同时白萝卜还是白萝卜，不被牛蒡的香气所沾染。胡萝卜不带有白萝卜的气味，芋头也没有缠绕上根菜的涩味，且汤汁里包含了所用根菜的全部鲜味。”——这才是能“让人再续一碗”的状态。

白萝卜总是沾染牛蒡味，胡萝卜带着白萝卜特有的气味，豆腐则受到了各种根菜涩味的影响——接近四十岁之前，我都默默接受这样的事实，认为这道汤可能本身就是这种朴素的味道，内心虽然抱有一丝疑问，却还是如常地食用。

与异国文化的相遇，帮我找到了改善的方法。我在罗马遇到了意大利厨师 F. 马里奥先生，有幸目睹他那扎实又认真的工作状态，并体验了制作自然酱汁的过程。

趁着马里奥先生在日本一周教授两百多种意式菜肴的好机会，我观摩了意式田园风汤品（zuppa paesana）的烹饪过程。把洋葱、土豆、胡萝卜和西芹以西式蒸炒的方式，炒到八分熟后加入汤炖煮而成。我只试吃了两口，就被蔬菜间互不干扰的口感和吸收了所有蔬菜鲜味的汤汁所满足。

马里奥先生在细心教授的同时，丝毫没落下手中的活儿，泰然自若地将锅盖掀开盖上，保持蒸炒过程的顺利进行，这样的态度也让我难忘。

“卷织汁要用意大利的风格来做。”而在此之前，我一直是先炒豆腐，放入蔬菜类食材翻炒后再加汤。

改善后则变成了先考量蔬菜的尺寸和煸炒的顺序，充分利用白萝卜自带的水分蒸炒到七分熟，使蔬菜变软。这样既使蔬菜们的个性互不干扰，也强调了各自本身的美味。

“蒸炒”是日式烹调应该学习的技法之一。

●材料（10 碗份）

材料	用量
白萝卜	500g
胡萝卜	150g
牛蒡	100g
莲藕	150g
芋头	300g
油豆腐	1 又 1/2 片
魔芋	2/3 块
豆腐	1 块
小鱼干出汁	10 量杯
色拉油	2 又 1/2 大勺

●盐、酱油

考量蔬菜的尺寸，通过蒸炒催生蔬菜们各自的鲜美滋味。

●做法

①清洗牛蒡，切成 5 毫米厚的圆片，浸入表面没过牛蒡的水里去涩。白萝卜切成 1 厘米厚、胡萝卜和莲藕各切成 7 毫米厚的扇形片状、浸入水里约 10 分钟来去涩。已撇油的油豆腐切成 1.5 厘米块状。魔芋用盐揉搓后水煮，切成薄片。豆腐捣碎后浸一下盐开水再取出。芋头切成圆片，放入米糠水里煮到五分熟。

②清洗牛蒡片，倒入锅中，用油炒到五分熟的柔软度。

③把除芋头以外所有的根菜水洗后倒入步骤②的锅中，全体炒匀后盖上锅盖开始蒸炒。5 分钟左右掀一次锅盖，翻炒锅中食材，再盖上。不要加水，只调火力，将锅中的食材蒸炒至七分熟。

④加入魔芋、油豆腐和用来熬小鱼干出汁的香菇切片翻炒，倒入已预热好的出汁，加盐和胡椒稍事调味。

⑤锅中倒入芋头，煮软后放入豆腐，以酱油为主来调味。

别致牡蛎饭

米本身的美味之外 活用搭配食材自带的鲜美

贝类可以滋养脑神经。晚秋到严冬时节，牡蛎正当季。请老幼病弱、忙于繁重工作以及为学业冲刺的人多多食用牡蛎吧。这次要介绍一道“别致牡蛎饭”。

大部分日本人都喜爱米和菜混合的焖饭，我也不例外。特别是到了新米上市的季节，加了鸡肉的什锦焖饭、豆腐汤和小钵绿叶菜的组合更是让人无法招架。

话说回来，如果我们喜爱的焖饭大张旗鼓参加世界焖饭大赛，离摘冠仍然遥不可及。西班牙海鲜饭、抓饭、咖喱饭、意大利烩饭，再加上中国和韩国的各种杂烩米饭强势登场，可谓百家争鸣。假设比赛对材料的预算有上限。日本的优势是本土出产的米，但仍得说这是一场令人遗憾的、没有胜算的苦战。

大家是不是觉得很惊讶呢？甚至要怀疑那些专业评审的鉴赏力吧。我们一直以来理所当然地看待大米的存在，也太过依赖米本身的美味。焖饭作为白饭的衍生，一直未得到重视和研究，可以说被过分简单地对待了。

以代表选手什锦焖饭为例。对于成品而言，浮在表面的配料往往已然无味，其鲜美的精华，反而被锅底的米饭吸收而变成了锅巴。大家通常都把米饭蓬软的部分切拌混合，锅巴则被舍弃了。我对欧洲的焖饭了解也有限，不能说他们的方法正确无误，但他们的确在烹调的时候，对米非常用心。

我们要心怀烹调世界第一大米的喜悦和骄傲，去激发出米本身的美味。若只是以最直接的方式对付“牡蛎饭”，还不如普通的什锦焖饭。

以下是改良的方法。先给牡蛎淋上清酒，放入锅中煮到八分熟后捞出。静煮余下的汤汁，煮到差不多贴近锅底的程度时倒入清酒加以稀释。这个牡蛎精华就是用来给米饭调味的基础味道。

米的处理方法可以汲取抓饭和西班牙海鲜饭的优点。首先用炒了少量大葱的油，将米粒炒到五分熟（此时加入少许盐以防止米粒裂开），倒入用刚才的牡蛎精华调配的热汤，用酱油和盐来调味，将米粒充分拌匀，盖上锅盖焖煮。待汤收干后，将之前煮到八分熟的牡蛎，快速有序地放在米饭上，继续蒸煮。

在蒸米饭的阶段撒入裙带菜，芹菜则等到装盘前再放入。

图片中靠前的瓶子里，装着橄榄油浸熟牡蛎。这是我家重要的常备菜，每天 3 块，用来佐饭。

●材料（5 人份）

米……3 量杯
牡蛎……250—300g
大葱（切成碎末）……满满 2 大勺
色拉油……3 大勺
出汁或者鸡汤……3 又 1/2 量杯
裙带菜（2cm 块状）……2/3 量杯
芹菜或鸭儿芹（切成碎末）……1/2 量杯
●盐、清酒、酱油

用加了牡蛎精华的汤，将炒过的米饭煮熟。

●做法

①淘好米后倒入竹制沥水篮，沥水 1 小时左右。

②牡蛎撒上盐搓洗，在冰水里洗净。

按顺序把牡蛎放入锅内排好，淋上 2 大勺清酒煮到八分熟后，取出放入容器中。按照正文所述用 3 大勺清酒稀释牡蛎的煮汁，此处加入出汁、少许盐和一大勺酱油，用小火熬煮。

③取厚平底锅，开火用油煸炒大葱。此处加入米粒和少许盐，用偏小的中火炒至少 5 分钟。

④把步骤②的汤倒入步骤③的平底锅中，充分搅拌均匀后开始蒸煮。米粒开始膨胀时，将火关小，锅中的汤汁收干时，迅速把牡蛎放入锅中，慢慢蒸煮完成。

加入牡蛎后，如果放入用中火充分预热过的烤箱内烤制，做出来的焖饭不但底部不焦，而且蓬松柔软，无比美味。若没有烤箱，可以在锅底垫上烤网，锅子整体裹上铝箔纸蒸，效果也不错。

裙带菜、芹菜按照上文所述的时机放入再装盘。

* 使用电饭锅和土锅的情况下

将炒好的米粒转移到锅中，加入汤后按照正常步骤烹煮。

烤带壳牡蛎

集营养、美味、廉价于一身
全赖养殖技术的飞跃

我喜欢湘南的大海，尤其是叶山一带的海面温柔娴静，我曾经走在那儿的沙滩上，倾听海浪声。或许是红色泳衣的青春时代留下的念想，只要踏上沙滩，就会不由自主开始找起贝壳来。真玉螺、香螺、水字螺、樱蛤和贝壳砂——一路低头搜寻这些记忆中的贝壳，结果连蛤蜊的残片都没找到。

东京湾的蚬子和蛤蜊，这三十年来带上了泥腥味，天然鲍鱼、江珧、海松贝和赤贝则成了高岭之花[1]。在肉价走高的时期，寄宿旅馆必备的蛤蜊咖喱饭成了大家共同的回忆。作为贝类出产大国，日本除了极少数地方外，确实都依赖着味美价廉的海底垂下式养殖[2]的贝类。

其中牡蛎更是集营养、美味、廉价于一身，在欧美地区享有海中牛奶的美誉。它富含蛋白质、矿物质和维生素，特别含有能迅速提供能量的丰富糖原。日本自古以来，也有连续两三天食用牡蛎可以抑制盗汗之说。在强身健体的同时，牡蛎还有安定神经的作用，对眼疲劳和失眠也有功效。

“牡蛎还是要油炸才好吃。”十个人里有八个会这么说。其中又有三人“会在生食还是油炸之间徘徊”。而美味的一大条件是“查漏补缺”。牡蛎缺的是脂肪和嚼劲，可以通过用面包糠包裹油炸的酥脆来补足这两点，这是油炸牡蛎大受欢迎的原因。

此次要介绍的烹饪方式依然是从补足缺憾出发，适合相对油炸想要更优雅品尝牡蛎的场合。图中的牡蛎放在了炒菠菜上面。顶端撒的面包糠里混合了少许切成碎末的大蒜和欧芹，还添加了炒过的培根。淋上少许橄榄油，烤到面包糠变得酥脆，热腾腾端上桌，再淋上柠檬汁即可享用。

这道带壳烤牡蛎可以提前装进烤盘里，需要时只要烤一下即大功告成，大家能够围坐在一起品尝热腾腾的美味，因而很适合待客。

在享受美味的牡蛎时，不忘感谢以辛勤奋斗创建了牡蛎养殖业的先驱们。其中的核心人物宫城新昌先生以“让大家像吃豆腐那样吃牡蛎”为己愿，从 1908 年开始，在美国华盛顿州潜心开始研究养殖牡蛎。到 1924 年创立了垂下式养殖方法。1925 年在宫城县的万石浦设置了试验用铸型，这是日本养殖牡蛎事业飞跃的开始。

托了这种方式的福，我们能吃到扇贝和真海鞘，摄取到了不可或缺的贝类营养。

●材料（5 人份）

牡蛎（去壳）……………………20 个
牡蛎壳……………………………20 个
菠菜………………………………1 把
生面包糠（自制的更佳）……………………………1/2 量杯
大蒜（碎末）……1 又 1/2 小勺
欧芹（碎末）……………4 小勺
培根（5mm 小块）……1/2 量杯
橄榄油……………………………适量
盐、胡椒、柠檬…………各适量

1　高岭之花：比喻只能站在远处看看，不能成为自己所有的东西。
2　垂下式养殖：在潮间带以下的深水区，通过设置筏架，将牡蛎苗垂挂在筏架上进行人工养殖的方式。这种方式，海水交换好，摄食时间长，不受海底形状、底质、水深的限制，减少了匍匐性敌害生物的危害，可缩短养殖周期，增加单位面积产量。

『查漏补缺』是法则。
添上调味蔬菜和面包糠后烤到酥脆。

●做法

①制作生面包糠，将切成碎末的大蒜和欧芹混合，按照喜好可加入少量研磨黑胡椒。

②切好的培根用小火煸炒，炒出的油倒掉。

③只使用菠菜叶，将其水煮。切成7毫米小段，用橄榄油炒，加少许盐调味。

④将炒好的菠菜放入清洗干净的牡蛎壳里。牡蛎和菠菜不仅口味相搭，菠菜也可使牡蛎肉在烤制过程中保持柔软，还可以吸收牡蛎渗出的汁液，增添风味。此方法可活用于别处。

⑤把牡蛎放在步骤④的壳上，舀上2小勺步骤①的调制面包糠盖于其上，撒上培根，放入烤盘内。

⑥烤箱充分预热。每个牡蛎上淋入约2/3小勺的橄榄油，放入烤箱上层烤到面包糠变得酥脆为止。添上柠檬。

鳕鱼土豆马赛鱼汤

与用礁石鱼类制作的味噌汤类似 能轻松烹调出来的南欧风格汤品

南欧风格的鱼汤不仅有法国的马赛鱼汤（bouillabaisse），意大利、西班牙和葡萄牙均有同类型的菜品，烹调手法也类似。没必要因为对一连串外国名字和美食家们的夸张评价望而生畏。因为它们本质上与日本的渔夫们把新鲜捕捞的礁石鱼类扔进味噌汤食用是一回事。

事物因环境不同而变化。马赛鱼汤原本就是一道轻松的菜，一旦明确了其中的大同小异，就不会对它那么陌生。本质上，作为原材料的鱼其实并无太大差异，唯有去腥的方式不同。日本用的是味噌，而南欧用的是橄榄油炒过的大蒜、调味蔬菜和香草，出锅时撒上藏红花，更是有着不可取代的效果。

欧式鱼汤正宗的做法是把小鱼骨用调味蔬菜、白葡萄酒和水静静熬煮，以此为底汤加入其他配料烹调。日本也一样。鲷鱼和鲈鱼汤是将热水焯过的鱼骨和昆布熬成出汁，放入热水焯过的鱼肉，再添上香味浓郁的野菜来点缀装盘。

本文要介绍的是应时而生的“鳕鱼土豆马赛鱼汤”。之所以说应时而生，是日本渔业的现状不尽如人意。原本这道被叫作“bouillabaisse de morue”（浓汤鳕鱼）的汤用的是小鱼的出汁。但时至今日，一般家庭很难买到用来熬煮出汁的新鲜礁石鱼赤鲑。

我试着往新鲜的小鱼干出汁里，加入煸炒过的大蒜和调味蔬菜，煮沸后发现小鱼干的腥味已消失殆尽，拿来直接用毫无问题。再往里加入已用酒煮开口的贝类鲜味、土豆的美味、番茄的酸味和香草的香气，南欧风格的汤品就大功告成了。

做马赛鱼汤的鱼，请选择肉质紧实的白肉鱼。市面上常见的薄盐腌渍鳕鱼就合适。如果买来的是生鱼，则可以撒上盐，用市售的脱水纸包裹后冷藏一天。将鳕鱼按下文的做法处理。

土豆选用不易煮烂的品种“May Queen”。待土豆煮到九分软时，加入蛤蜊、鳕鱼和咖喱粉。作为替代藏红花的咖喱粉，利用的是其风味，而非辛辣口感。

把法式面包切成圆筒形，切口涂上橄榄油或者黄油，擦上大蒜做成蒜味吐司；或者白面包上涂橄榄油，抹上基础番茄酱（参照 48 页）烤成番茄吐司佐汤享用。

有了冰镇白葡萄酒的助力，小鱼干的姿态消失得无影无踪。

●材料（5 人份）

鳕鱼……600g
柠檬汁……少许
蛤蜊……400g
白葡萄酒……少许
土豆（中等大小）……4—5 个
番茄（切成大块）（中等大小）……1 个

小鱼干出汁里放入白身鱼。
加上咖喱粉增添风味。

- A
  - 洋葱（切成薄片）……150g
  - 大蒜（切成薄片）……70g
  - 西芹（切成薄片）……100g
  - 大蒜（切成薄片）……1 瓣
  - 月桂叶……2 片
  - 白胡椒粒……8 颗
- 橄榄油……3 大勺
- 小鱼干出汁……13 量杯
- 咖喱粉……1 又 1/2 大勺
- ●盐

●做法

①蛤蜊撒上盐，搓洗外壳，用水冲洗至少 3 次。把洗净的蛤蜊倒入平底锅内摊开，用白葡萄酒来酒蒸。

②鳕鱼的鳞片气味独特。拿刀刮鱼皮，去掉鱼鳞和黑色汁液。水洗后淋上柠檬汁。把切成较小的鱼块放入 65℃的热水里，焯水 2—3 分钟。捞出放入冰水后，取出沥干水分。

③锅里热好橄榄油，用小火炒香大蒜。此时加入 A 中其他的材料一起蒸炒。

④加入小鱼干出汁和酒蒸蛤蜊的汤汁，放入切成一口大的土豆和番茄，静静炖煮。待土豆煮到九分软时，加入蛤蜊和鳕鱼，撒上咖喱粉再煮 3 分钟左右。

⑤鳕鱼和蛤蜊中会有盐分析出，调味时先确认咸淡，根据需要补足盐分。

风干咸鱼

冷风和阳光的力量下孕育超越人工的『深邃滋味』

远山对面，摄人心魄的夕阳一望无际，鼻翼飘来隐隐野菊之香时，飒爽的风声和流动的风开始寻访家家户户。对我而言，这就是着手“风干作业”的信号。

所谓“风干作业”，是指依靠寒风的力量，为食物添味，同时拉长保存期，也即开始制作干货，包括风干的鱼和肉类等。

本文将要介绍从十一月到十二月之间，最适合操作的“风干咸鱼”的做法。风、光、鱼皆宜。合适的鱼有沙丁鱼、秋刀鱼、青花鱼、梭鱼、带鱼，还有马头鱼。这段时间正是这些鱼被大量捕获、价格优惠的好时机，因此是做风干咸鱼的最佳阶段。

烤鱼有盐烤、照烧[1]和田乐烧[2]多种方式。之所以推荐风干，是因为在风和光的双重助力下，可以孕育出远超人工的好滋味。大到咸鲑鱼，小到小杂鱼干、榻榻米沙丁鱼，像日本人这样巧妙制作和食用各式鱼干的民族并不多。

做法简单而直白，好鱼、盐和好天气是三大条件。唯一要留意的是盐的用量，腌渍的方法大体可以分为三种：薄盐、中盐和重中盐。

最具代表性的是薄盐腌渍沙鳕鱼片，小竹荚鱼也合适薄盐腌渍，这两种鱼都属于脂肪含量少、鱼身较薄的类型。中盐腌渍适用梭鱼、中等竹荚鱼和秋刀鱼等。青花鱼要用重中盐来腌渍。墨鱼自带的盐分已足够，无须再用盐。沙丁鱼和带鱼用味醂腌渍后的口感更佳。刚烤好的鱼与啤酒是绝配。

盐要在鱼皮上和鱼肚里分别撒上，鱼眼珠则另外用盐涂抹。对于青花鱼，鱼嘴四周也要涂上盐。鱼身较薄的鱼冷藏 1 小时，鱼身较厚的冷藏两小时，渗出的液体一定要用厨房纸巾等擦干。

味醂鱼干是按照本味醂四成、酱油六成的比例混合，加入生姜汁，期间上下翻面腌渍 2—3 个小时。薄牛肉片也可以用同样的腌渍汁来做成味醂牛肉片。

最后介绍一下比较特别的马头鱼。中等个头的马头鱼最适合做成鱼干。直接剖开带着鱼鳞的鱼背，采用中盐腌渍法。鱼身里外撒上盐，鱼鳞上的盐沿反方向涂抹。眼珠和鱼嘴周边用盐抚过，头部内侧也不要忘记撒盐。

希望风能捎来各位成功的好消息。

●材料（5 人份）
薄盐腌渍的鱼 = 沙鳕、小竹荚鱼
中盐腌渍的鱼 = 梭鱼、秋刀鱼、中等竹荚鱼、马头鱼
重中盐腌渍的鱼 = 青花鱼
味醂鱼干 = 沙丁鱼、带鱼、薄牛肉片等
●混合腌渍汁（味醂：酱油 =4 ：6 的比例、少许生姜汁）

1　照烧：在食材上涂抹拌有酱油和料酒的佐料汁烧烤。
2　田乐烧：把甜酱涂在豆腐等上面烤制。

好鱼加好天气。
重要的盐渍法有三种。

●做法

【基础风干鱼】

①剖开鱼之后清除内脏，用流水将血冲干净。除了小竹荚鱼和沙鳕以外，其他鱼的鱼头可以去除。

②把清洗好的鱼放在沥水篓上排列好，鱼尾置于稍高处。

③在鱼身两面按标准撒上薄盐或中盐，置于托盘上放入冰箱里静置 1—2 小时。眼珠和鱼嘴部分容易腐坏，因此需要另外抹上盐。

④待鱼表面的盐分溶化后，用厨房纸巾擦去渗出的液体。

⑤把鱼尾部分穿上铁签，放在通风并且能晒到阳光的地方风干。可以放在阳台，如图利用毛巾架来晾晒。小鱼约 2 小时、梭鱼和秋刀鱼等最好确保 2.5 小时、青花鱼和马头鱼则需要 3 小时以上。鱼皮和鱼身变硬、鱼身呈现透明感时即可。

【味醂沙丁鱼干】

①摘除沙丁鱼的头部，片成两片鱼肉和一根鱼主骨。

②不要撒盐，把鱼片放入混合腌渍汁内腌渍 2—3 小时。

③沥掉汁液，穿上铁钎，晾晒 3 小时左右。

牛肉薄片按照同样方法先腌渍后晾晒，晾晒时间不宜过长。

苹果冻

能够驱赶坏心情的温和苹果香

从“苹果冻”(apple jelly)这一称呼联想到餐后点心“果冻”的人或许不在少数。但是本文要介绍的是被称为“jelly”的果酱。

把苹果切碎后熬成的果酱，就叫苹果酱。而成品宛如石榴石般璀璨的则叫作苹果冻。只要你做过一次便会理解两者的不同。

请不要看到照片后，觉得“这也太大惊小怪了”。毕竟这世上很少有如此洗练又精粹的果酱制作法。

与事物的本质相遇的机会，就蕴藏在这样素朴的工作里。为了让身体也感知这一点，我推荐大家亲身尝试。若论整个过程中有什么难度，也无非是需要把木棉布缝成袋子吧。对有现成布袋的人来说，就真的只需用点心思即可。

材料是苹果、粗粒白糖（砂糖也可、绵白糖则太腻）和水。可根据喜好加入少许柠檬汁。还需要一根扎拢袋口的绳子，有些棘手的可能是一时找不到悬挂的地方。

过程中需要把整个苹果连柄带皮一起熬煮，因此要选择无农药、表面无蜡的苹果。能从熟悉的果农处直接购买最好。还有一些果农专门种植用来制作果酱的水果。

工作从彻底清洗苹果开始。上下芯的部分都要用刷土瓶口的刷子刷洗。熬煮时，最好使用桶状的搪瓷容器，以微微小火慢慢熬煮，使苹果柄、芯和籽所带的天然果胶全部释放出来。期间，连绵不断的温和香气在空气中流动，一扫内心的愤怒、不满、嫉妒等恶劣心绪。

充分熬煮后直接倒入备好的布袋中，悬挂起来，底下放置深盆接住渗出的汁液。这一步可以利用睡眠时间来完成。最后将渗出的汁液熬煮到原来的六成左右时加入糖，煮到果冻状为止。成品会呈现透明如宝石般的光泽。

就连精通京果子的辻嘉一老师也高兴地称赞它的味道：“能品尝到苹果温和的味道。真是太好了。”

至于这道甜品的由来，最初是姨妈向我提起，她对比利时神父自制果冻的手法感到惊奇，于是我特意向神父请教，并为己所用。这一方法，或许是世上所有的苹果冻的源头。

●材料

苹果（红玉等品种）……2kg
水……2L
粗粒白糖……1.6kg
柠檬汁（根据喜好）……少许

成品接近透明，宛如宝石。

●做法

熬煮苹果用桶状的锅较好。我用的是搪瓷质地的腌渍容器。不锈钢制的锅也合适，但避免使用铝制锅。用来熬煮渗出的汁液时如果沿用桶状锅，则会有些费劲，换成搪瓷浅锅最为理想。

①苹果彻底清洗干净，把苹果和水放入锅内开始煮。煮沸之前用大火，煮沸后转为微微小火，熬煮3—4小时。

②把熬煮过的苹果倒入袋子里，悬挂一晚，收集渗出的苹果汁液。

③汁液的颜色呈现淡淡的红茶色。目测分量后全部倒入浅锅中，熬煮到原分量的六成左右。

④锅中加糖，继续煮一段时间后会变成浅浅石榴石的颜色。此时再熬煮一会儿后关火，原本的汁液就变成了果冻状。若熬煮过头，锅中汁液呈现果酱状，则会直接变成糖浆，要注意。根据苹果品种不同，想要增添酸味时可淋入少许柠檬汁。加糖之后捞取的浮沫用来煮山芋，能烹调出高雅的味道。

【苹果胡萝卜汁】

图片中的玻璃杯，装着用一个苹果、半根胡萝卜和少许柠檬汁做成的果汁。

削去胡萝卜外面一层较厚的表皮，挤入柠檬汁。把苹果和胡萝卜磨成泥后挤出果汁。推荐大家长期饮用来预防疾病，也推荐工作繁重的人上班前饮用。

常夜锅

无须特别的烹饪技术 整晚都吃不腻

汤豆腐啊 你是我辈生命尽头的胧胧微光

每当念及俳句，我总是心有戚戚，久保田万太郎[1]的这首俳句，总会在我准备锅菜时盘旋于脑海，挥之不去，或许是因它触及了我们与锅菜之间的深厚感情吧。

日本是山岭之国，拥有优质的炭火资源，又是擅长把玩泥巴的民族，因此可以用盘子的价格买到土锅。肉质紧实又口感细腻的鱼类，以及滋味鲜美的贝类、根菜、叶菜等各种蔬菜，搭配用来调制汤底的昆布、鲣节和香菇。各种食材随性添加，热闹丰富的锅料理就诞生了。

鳕鱼锅、石狩锅、雪见锅、相扑火锅、关东煮、水炊锅、馎饦锅、常夜锅、寿喜锅、什锦火锅、鮟鱇锅和牡蛎锅等。大部分锅料理，鱼、肉与蔬菜的配比合理，可以大口喝汤，又能摄取蔬菜的营养，因此深受只身在外打拼之人的喜爱。而像常夜锅和馎饦锅这样，为了让名称里不出现猪肉、野猪的字眼，也是颇花了一番心思。

这次要介绍的“常夜锅”，据说是因为吃上整晚都不会腻而得名。材料是涮猪肉片和满满堆叠的小松菜，佐以足量的白萝卜泥和葱，一人一个量的柑橘类果实。这样的配比刚刚好。

有些奢侈的，是锅里要倒入足量的清酒。有些食客认为汤底全部要用清酒，我却觉得这样反而腻味。若考虑给孩子食用，清酒的量请酌情使用。

所有锅料理中，唯有常夜锅不需要烹饪技巧，因此完全可以交给中学生来准备。唯一费时的是把小松菜的菜梗和叶子撕开，放在水中至少浸泡约 1 小时。

最初只把菜叶放入锅中和肉一起享用。菜梗要撕成小段，或者切短，最后用来煮泡饭或者乌冬面。这样利用，是不是更有效？

用来增香的葱可以选择细葱或者用水泡过的大葱。柑橘果醋如果用柠檬汁，则太冲，请用臭橙等性温的柑橘类果子。另外，本柚很难结果，它的近亲花柚更容易结果。花柚和山椒是庭院中的理想香木。

新潟的发酵辣椒酱和熊本的日本柚子是很不错的香辛佐料。

常夜锅很难与“胧胧微光”联系起来，但烹调起来很方便，我还是推荐给各位。

●材料（5 人份）

猪肉……800g

小松菜……2 把

水、清酒……各适量

药味佐料

- 白萝卜泥……1/3 根
- 细葱（碎末）……1 把
- 发酵辣椒酱或者柚子胡椒、七味辣椒粉……各少许

柑橘果醋……适量

酱油……适量

乌冬面……适量

1 久保田万太郎（1889—1963）：活跃于大正至昭和时期的俳人、小说家和剧作家。作品多以东京的浅草地区为舞台，在四季风物的推移中描写市井人的哀愁与欢乐，带有独特的抒情格调。

加入足量的清酒，把小松菜撕开后浸水待用。

●做法

①猪肉使用里脊、肩肉、腿肉或者五花肉等。请摊主切成涮锅用的薄肉片。肉和肉之间用保鲜膜隔开，但招待客人时不适合连着保鲜膜端上桌。费劲夹肉的场面未免令人尴尬，因此我将较大的山椒叶铺在盘底，再把肉纵横交替装盘。

②把小松菜按上文所述切开。小松菜是一种直接入锅也没有涩味的菜。

③备好材料表中的药味佐料。

④把水和清酒倒入锅中煮沸。仅供大人食用的时候，清酒的量在水的1/3—1/4。煮沸后把肉和小松菜放入锅中煮熟享用。

最后的乌冬面推荐使用稻庭乌冬。煮汁烧干时，可以添入少许的出汁，用少许盐或酱油来调味。煮乌冬面时加入小松菜的菜梗。

* 锅料理的配角

吃锅料理时，会想要一些增进食欲的配角，比如盐渍海鲜、海胆、熟成芝士，还有干炒银杏和手工炸米糕等。可以再准备两三种控制盐分、有嚼劲的腌渍菜。火锅结束后别忘了喝点焙煎茶，再吃点水果。

匈牙利红烩牛肉

将牛肉炖酥做成的酱汁
重复利用的美味佳肴

最早对炖肉产生兴趣，是在我七岁的时候。当时因车祸伤了牙，养病期间，享用了一道炖得酥烂的牛肉，令人难忘。

五十年后我才得知，当年在餐厅里吃的红酒炖牛肉“boeuf à la mode”，出自名厨志度藤雄先生之手，不由感佩。后来，当我学会做这个炖汁的底料“牛骨烧汁”（demi-glace sauce），不禁想起了这位从未碰面的恩人。

正式炖牛肉，一般要先做好酱汁，再用酱汁来炖煮；但也有朴素却让人满足的烹调方法，便是这道匈牙利风格的炖煮牛肉。在匈牙利语里叫作“gulyás”，据说原本是匈牙利的养牛人制作并食用的菜肴。

我对匈牙利的认知，仅停留在李斯特的音乐和美丽的刺绣上，介绍起这道菜未免有几分露怯。但三十年前从料理研究家石黑胜代老师处习得烹饪方法以来，周围没有人不爱我做的这道菜。以当年的 boeuf à la mode 为标准，这道红烩牛肉并不逊色。

通常肉和蔬菜一起炖煮的菜，味道都不赖，而这里只用肉来炖煮也有其理由。看材料表和图片，你会发现这个酱汁量足且浓郁。拌米饭或作为意大利面酱之外，用剩下的酱汁中加入少量水，以小火重新加热约 30 分钟，再冷冻保存，便可以用来烹饪红烩牛肉。酱汁还可以多次利用，在家烹调美味的炖肉，味道不亚于鳗鱼店的酱汁。

加了蔬菜的炖菜因为酱汁被稀释，就无法这样反复利用。这里选用了脂肪较少的腿肉。如果做好后发现味道不足，可以加入足量的甜椒粉来催生独特的醇厚滋味。这里还用到了一种不常见于荤菜的香辛料葛缕子。甜椒粉和葛缕子的叠加，有事半功倍的效果。

圣诞节的主流是烧烤类，像这样的炖煮菜提前做好备用，在当天便能有条不紊地庆祝。

●材料（5 人份）

牛腿肉	800g
盐、胡椒	各少许
小麦粉	少许
色拉油或者黄油	适量
橄榄油	1/3 量杯
大蒜	1 瓣
洋葱（中等大小）	2 个
红葡萄酒	1/3—1/2 量杯
水煮番茄	800g—1kg
甜椒粉	2 大勺
葛缕子	1 小勺

●盐

十二月

腿肉先烤后炖。
加点甜椒酱和葛缕子。

●做法

①把牛肉切成 2.5 厘米的小块，撒上盐和胡椒，涂上薄薄的小麦粉。

②锅里抹油，把肉的两面都煎烤上色，依次放入炖煮锅中。

③用来煎烤肉的锅里剩余的油倒掉，加入橄榄油，把切成碎末的大蒜和切成 1 厘米大小的洋葱蒸炒。也倒入炖煮锅中。

④往炒过洋葱的锅内注入红葡萄酒，并用红葡萄酒冲刷锅壁（吸取锅壁上附着的肉鲜味），同样倒入炖煮锅中。

⑤将水煮番茄切成大块，倒入炖煮锅中。添加少许盐、甜椒粉和葛缕子入锅，煮到六分熟，再补入盐，将肉炖煮到酥烂。

* 匈牙利红烩牛肉跟米饭、粉吹芋[1]、奶油土豆泥和意大利面等很相配。冬天可以用蒸过的花菜和抱子甘蓝来装点。

1 粉吹芋：把土豆切成大块盐煮后炒到收干水分。因土豆收干水分后表面看起来有一层粉类物质而得此名。

什锦鸡肉冻

在土鸡料理上一展身手 孕育日本产鸡的美味

我居住的街区，有一家值得信赖的老牌鸡肉专卖店。孩子们在超市买两根鸡肉串的钱，在这家店里可以吃到七串。近年，此店通过在饲养上“稍加工夫”，开始卖起比从前更美味的土鸡。

我被土鸡的美味吸引，特意去翻阅了《养鸡户写的鸡肉书》（三水社出版）和《日本产名品鸡地图》（日本食用鸡协会出版）等书籍。书中对交配的研究、在饲料和饲养天数方面所下的功夫等的介绍，让我意识到土鸡的美味倚赖农户的努力，也明白了价格背后的逻辑。

我想告诉大家，日本的名品鸡也可以媲美颇负盛名的法国布雷斯鸡。请抛开对肉鸡的固有印象，投入地试做一次吧。本文要介绍的方式，不需要用到烤箱，而是先将整鸡炖煮，再用鸡汤和撕下的鸡肉做成什锦鸡肉冻。

推荐“整鸡”烹调，是因为只要炖煮温度和时间得当，就能够用完美锁住鸡肉鲜味的鸡汤做成汤冻来包裹鸡肉。在撕成大块的鸡肉上浇入热腾腾的明胶鸡汤，也为鸡肉增添了汤汁的鲜味。且比烤鸡更为经济实惠，只要增加明胶的用量，可以把六人份变成八人份来享用。

接下来说明制作美味鸡汤冻的要点。首先，选择名品鸡固然最好，肉鸡重达2—2.5千克的也属上品。1—1.2千克的鸡可能只培育了约60天，肉质太软。

要选择专卖店里当日新鲜宰杀的鸡。鸡肉应带着粉色，毛孔清晰可见，整个鸡身的肉质紧致而有弹性——希望各位能买到新鲜如鱼的鸡。

处理鸡的第一步是剔除无用的脂肪。先去除鸡屁股的三角地带和周边的脂肪，然后把鸡脖子连皮一起与鸡身分离。这一步也可以让店家帮忙处理。接下来将鸡身与用刀拍过的鸡脖子一起放入开水中焯水，再用冷水清洗。开始炖煮，第一次沸腾后调小火力，使温度保持在约85℃，不再煮沸，让锅里的汤始终保持对流的状态。材料中的昆布可以提鲜，同时帮助撇除浮沫，香菇则能够去除肉腥味。梅干核为鸡汤带来清爽口感，也可以保鲜。

最后搭配用牛奶稀释的美乃滋酱和花草茶饮来享用，若喜欢日式，则可以搭配三杯醋。

●材料（5人份）

- 鸡（约2kg）……1只
- 洋葱（切大块）……200g
- 胡萝卜（切大块）……100g
- 西芹（切大块）……150g
- 月桂叶、白胡椒粒……各适量
- 昆布（5cm方块状）……4块
- 干香菇……4—5个
- 梅干的核……4颗
- 盐……1大勺

明胶鸡汤浇汁

- 昆布（5cm方块状）……2块
- 明胶粉末……1又1/2大勺
- 樱桃干……1又1/2大勺

●盐

控制好时间和温度，把当日宰杀的新鲜鸡整只加以炖煮。

●做法

①选择能放入整鸡的深锅。剔除脂肪后，在开水中焯过，接着用冷水将里外全部清洗干净。

②把括号内所有的材料放入锅中，加入超过鸡身 1 厘米高度的水后开火煮。再快要煮沸前撇去浮沫，转为小火。盖上落盖[1]，上面的锅盖留一条缝。中途不断撇去浮沫，水温始终保持约 85℃。25 分钟后取出昆布，再炖煮约 40 分钟。用竹签刺入鸡腿肉部分，检查是否还有血水渗出，若有则继续加热，没有则关火，等待煮汁冷却。

③待冷却后取出鸡肉。

④过滤鸡汤。加入明胶鸡汤浇汁配料中的昆布，同时撇去油脂和浮沫，继续熬煮收汁，直到剩余约 6—7 杯的鸡汤。

⑤在此期间把肉撕成大块，在容器中排列好。

⑥汤汁的调味偏咸一些。加入用水冲开的明胶粉和樱桃干。

⑦将汤汁绕圈浇入步骤⑤的鸡肉中，晃动容器使汤汁充满肉之间的缝隙。放入冰箱中冷藏待凝固。顶部用甜醋腌渍菜来装饰。

* 与 118 页介绍的“烤带壳牡蛎”一起，适合当作圣诞大餐的菜肴。

1　落盖：置于锅中盖在食物上的盖子（尺寸小于锅盖），一般在炖煮时使用，有助于加速食材的入味，以缩短烹煮时间。

焗烤芜菁

以叶补足根的清淡 将整株尽其用之妙

小芜菁是一种味道、口感和形态都惹人喜爱的蔬菜。可以做成口感柔和的浸汁菜、汤的配菜和腌渍咸菜等。即便以类似炖白萝卜佐味噌的方式料理，滋味也与萝卜不同而更别致。芜菁虽然深受喜爱，但大家都偏爱白色的果实部分（块根），不待见茎叶。我希望将叶和根都善加利用，品尝整体的滋味。

本文要介绍的是使用整株芜菁来烹任菜肴的其中一例：焗烤芜菁。白汁与芜菁块根算是旧相识。但这次白汁只用来拌芜菁的茎叶，块根则切成薄片，置于白汁拌过的芜菁叶上面，撒入帕玛森干酪碎，再放上切碎的黄油，送入烤箱烘烤。

这道焗烤芜菁的口感，以乳制品缓和了茎叶的苦味，与块根的清淡滋味绝配，且能将整株芜菁物尽其用。

外表素朴，口感亦素朴。这素朴的背后，蕴含着几个小心思。先分开芜菁的茎叶和块根，再把茎和叶分离，放入水中浸泡一段时间。希望各位能养成这样处理绿叶蔬菜的习惯。

块根要削皮两次。首先粗略削去表皮，接着把表皮下覆盖块根的网状纤维部分削去，再将这网状纤维部分切成细丝，和菜梗一起做成一夜渍。菜刀要始终沿着根茎的接口部分往下削皮。芜菁经两次削皮后细腻的表面，不禁让人联想它柔软的口感。

接下来是块根的水煮方式。首先要留意水里加盐的量，以汤汁的咸淡程度来决定基本味道。其二是加热方式。煮到八分熟时关火，盖上锅盖静待冷却，让余热把芜菁完全焖熟。若全程靠火煮软，会减损芜菁的风味。灵活掌握利用余热，就能自如地激发蔬菜的本味。

再者，是茎叶的切法。把焯水后的叶子切成约 3 厘米、茎秆切成叶子一半的长度。这样拌上白汁，茎秆就不会显得突兀。若叶子的量多了，可以适当减少茎秆的量。

帕玛森干酪碎尽量不要使用灌装品，亲手刨的更好。这些讲究的细节，会让这道纯素的菜肴更可口。

这道焗烤菜可以优雅地装在一个大盘里。作为圣诞美食，添上鹌鹑或烤鸭之类的禽肉菜肴，会大受好评。“gratin”（焗烤）的词源来自“gratiner”，是表面覆盖着薄薄一层焦皮的意思。

“我回来啦！”打开玄关的门就能闻到焗烤的香味，仿佛幸福近在触手可及的眼前。

●材料（5 人份）

小芜菁……………………10 个

白汁

- 黄油……………………30g
- 小麦粉…………………35g
- 牛奶··1 又 1/2—1 又 2/3 量杯
- 盐…………………1/2 小勺
- 洋葱（碎末）…………2 大勺

鸡汤……1 又 1/3—1 又 1/2 量杯（或是固体鸡汤块溶化后的汤）

帕玛森干酪碎……………40g

盐（水煮芜菁用）、黄油……………………各适量

芜菁块根削皮两次，利用余热使之软化。

●做法

①按照上文所述来处理芜菁：

首先水煮块根。之后在煮块根的汤里添加少许水，接着煮茎秆，再煮叶子。煮过后，把茎秆和叶子放入冷水中浸一下取出，挤干水分待用。

②取一部分黄油煸炒洋葱，再放入剩余黄油，制作白汁。

③将预热过的鸡汤添入步骤②的锅中，稀释白汁。

④将煮好的茎秆和叶子切断，块根则切成约 5 毫米的薄片。

⑤步骤③的酱汁中加入叶子和茎秆拌匀。

⑥把步骤⑤中拌好的叶子和茎秆铺入涂抹了黄油的烤盘内。块根按照图示呈涡旋状摆放。撒上干酪碎，放上切碎的黄油，放入充分预热过的烤箱内烤到表面有淡淡的焦色为止。

●附记：如使用现成的罐头白汁，一罐（约 290g）用约 1/2 量杯汤兑开。

鲑鱼箱型寿司

此鱼无须精打细算 巧妙而高效地烹饪吧

据说鲑鱼的成长能通过鱼鳞来推算，三四年为成熟周期。成年的鲑鱼一定会洄游回故乡的河流，而最终能成功回来的鲑鱼数量，在当年人工孵化后放流的一百尾里也不过三尾。

电视上播放了今年鲑鱼（也一如往年）经历长途跋涉的回乡之旅，抵达后被预设的渔网捕获捞出水的画面。在预测沙丁鱼和青花鱼等捕捞量不佳的情况下，唯一数量稳定的鲑鱼，可能才是让我们安心的存在吧。

“无须在意，大口享用”——这并非指吃相不好，而是无须精打细算、敞开肚子吃的表达。在过去，沙丁鱼、秋刀鱼、青花鱼、竹荚鱼和鲱鱼等，这些鱼都是可以敞开吃的。

了解了鲑鱼的捕捞量和价格之后，我认为如今能够大口享用的鱼，就是鲑鱼了。我们买的日本产、在洄游入河流之前捕获的海鲑鱼，一段的价格在 250 日元到 300 日元。而另一边，辛勤劳作的渔民们，收入却低得惊人。北海道去年（1995 年）的产地批发价在每千克 187 日元，据说今年甚至会跌破这个价格。

不管是卖出一段的零售商还是一千克的批发商，在流通过程中心底都在暗自落泪。希望两者都能微笑地享受人工孵化工程的恩泽。鲑鱼是为数不多的鱼类蛋白质之源，若想始终享用日本产的鲑鱼，增加能巧妙而高效地烹调鲑鱼的人，将成为可靠的保障。

盐渍鲑鱼的季节也快到了。盐渍的处理可以没有任何浪费、物尽其用地料理鲑鱼，特别是用昆布盐渍鲑鱼，每到圣诞节和过年，都是让人无法割舍的美味。本文要介绍的是用昆布腌咸鲑鱼做成的箱型寿司。成品类似富山“鳟鱼寿司”的鲑鱼版本。

需要的工具是寿司木盒，也可以用铺了保鲜膜的折叠纸盒代替，还需起防腐和增香作用的竹叶，味道经年不变的优质食醋，以及既容易操作又实惠的宽薄型昆布。

制作过程中，稍需花费心力的是鲑鱼段的切割。

与处理生鱼片不同，要先把鱼骨分离后的鱼段切成约 6 厘米的块状。再把鱼皮朝下，将刀斜斜贴着鱼身，切成 2 毫米厚度薄片，贴近鱼皮处把鱼肉与鱼皮切断分离。这是制作箱型寿司中处理鱼片最高效的方法。

剩下的鱼肉可以用醋腌渍，来代替烟熏三文鱼，就成了一道前菜，作为开胃小点心也相当不错。

●材料（充足 5 人份）

昆布盐渍鲑鱼
- （薄盐）盐渍鲑鱼（鱼段）……700g—800g
- 昆布……适量
- 清酒……适量

寿司饭
- 米……5 量杯
- 水……5 又 3/4 量杯
- 清酒……1/3 量杯
- 昆布……10cm

混合醋
- 醋……2/3 量杯
- 砂糖……2 大勺
- 盐……2/3 小勺

甜醋生姜（细丝）……适量

竹叶……适量

切好的鱼片洒上清酒，再裹上昆布。

●做法

①将昆布表面擦拭干净，两面迅速淋上清酒。切好的鱼片，每片都淋上清酒，紧紧贴于昆布，最后用昆布裹住鱼片。可以将昆布如屏风般折叠来包裹鲑鱼片，更经济合理。包裹时轻轻按压，包好后放入冰箱冷藏半天或一天，做成昆布盐渍鲑鱼。

②做寿司饭。

③往提前浸过两小时水的寿司木盒里铺上清洗后擦干的竹叶。把一半寿司饭填入寿司木盒中塞紧，撒上姜丝。铺上昆布盐渍鲑鱼片，再盖上竹叶。

④竹叶上继续铺剩余的寿司饭，重复同样的动作。最后铺一层竹叶，盖上寿司木盒盖，用手压紧。

用拧干水分的毛巾将整个寿司木盒包住，再裹上布和塑料风吕敷，压上镇石，不要放入冰箱而是在阴凉处静置一晚。第二天一整天都是可以尽情享用的好时间。

黑豆、煮醋渍萝卜

豆子煮到绵软后收汁 米糕之日不可或缺的搭档

黑豆

“我不打算自己做年菜，只有豆子还想自己来煮。”——我也终于到了能对学生这任性的请求报以微笑的年纪了。用文字说明方法虽有局限，但让我尽所能助大家一臂之力吧。

首先说明，这里煮黑豆的方式，与接近软烂的甜煮黄豆有所不同，是把已经炖煮过的豆子稍加收汁而成。有不少人表示，这样的豆子不管口感还是风味，都属于“过年的黑豆该有的味道”。

此方法的特点是要使用当年的新豆，同时一概不用小苏打和灰汁。

当年的新豆是指当年秋季收获的豆子，具体而言是十一月之前还在田里生长，直到十二月十日左右才到店里开始贩卖的豆子。我不太能理解这样的豆子为什么还需要用小苏打或灰汁来去涩。丹波出产的极品黑豆只要炖 1.5 小时就十分柔软。陈年的豆子至少要炖 3 小时以上。

处理起来很简单。清洗后，把筛选过的豆子（两杯）放入锅壁较厚的深锅内（铜锅最好），用五倍于豆子的水量浸泡。时间控制在晚上就寝的 8 个多小时。翌日早晨，把已充分膨胀的豆子连浸泡的水一起加热。用沥盆当成落盖使用，再盖上锅盖。使用沥盆当落盖，是为了不阻挡锅中蒸汽的对流，同时又能防止豆子因受热而飞溅。沥盆也可以替换成和纸。锅中的水位始终要没过豆子表面约 4 厘米。火力最初保持中火，煮沸之后立刻调至微火，慢慢炖煮。

中途若观察到水位下降，则要适时补足。煮到豆子用拇指和无名指挤压能轻易捏碎时，关火。此时不要掀开锅盖，继续焖至冷却。完全冷却后，用手把豆子从煮汁里捞出。

豆子煮汁中加入同等分量的水和一杯左右的粗粒白糖或者砂糖，混合煮到糖分溶化，放置冷却。煮汁里加水，是因为黑豆所含的皂苷会带来苦涩的口感。另一方面，只用水煮的糖浆，则会失去黑豆本来的风味。

微甜的糖浆放凉后，把豆子倒入其中，用小火炖 20—30 分钟。静置半日使糖浆浸透入豆子里。再次开火，倒入一杯左右的砂糖，煮约 15 分钟。在即将关火之前淋入一大勺酱油，再静置半天至一天的时间。

煮醋渍萝卜

红白醋渍萝卜，是节庆的菜品。生的醋渍萝卜，口感只能保持 2 小时。稍加风干和炒制后浸入甜醋里的煮醋渍萝卜，则可以保存两三天，是享用米糕之日不可或缺的好搭档。

第一次炒醋渍萝卜还是在我二十岁左右的时候，但直到四十五岁时我才开始风干这道工序：将切成细丝的白萝卜和胡萝卜摊开放在沥水竹筛上，中途上下翻面风干约 2 小时。这是因为我终于承认了之前习惯了的方法的不足之处，希望尝试更好的方式，因为饮食是促成各种文化孕生的母胎。

切记选当年的新豆。
煮醋渍萝卜稍加风干再炒制，以甜醋腌渍。

●材料（5 人份）

【煮醋渍萝卜】

材料	用量
白萝卜	1/2 个
胡萝卜（白萝卜的 1/4 量）	1 根
莲藕（和胡萝卜同量）	1 节
干香菇（泡发）	4—5 个
油豆腐	2 片
日本柚子皮和果汁	1 个份
A 醋	4 大勺
A 清酒	2 大勺
A 盐	1/2 小勺
A 薄口酱油	1 大勺
A 砂糖	4 大勺
A 泡发干香菇的水	3 大勺

●醋、色拉油

●做法

【黑豆】

参照上文所述。

【煮醋渍萝卜】

①把白萝卜切成细丝，胡萝卜则需切得更细，把这两种萝卜风干约 2 小时。

②莲藕切成薄片，泡在醋水里。

③油豆腐用开水撇油，片开之后将内部白色部分去除。每片油豆腐分成 4 片后切成短条状细丝。

④把 A 的材料用低温加热。

⑤锅里热油，以胡萝卜丝、切成薄片的香菇、藕片和油豆腐丝的顺序将材料依次倒入锅中煸炒到五分熟，此时加入白萝卜丝，同时转为大火。待白萝卜丝变得透明时，把加热过的 A 材料倒入锅中。尽量保留食材的嚼劲。

⑥把步骤⑤的食材取出放入托盘里急速降温，加入日本柚子的汁和皮的细丝，混合即可。

昆布卷

灵巧双手创造出日本独特的年味

了解各个民族节庆食物的相关知识，便能看到该民族一路走来的印记，以及该民族的天资和秉性。日本人围绕正月节庆的食物，展现了在被大海包围的温带风土下，祖先们勤于稻作耕种的历史。

正月并非一定要有昆布卷。甚至于昆布卷在何时何地由谁人创作，也不得而知。海藻裹住海鲜，再用干燥后的瓜类系牢——作为民众自创的食物，昆布卷却是相当出色。既独特，又展现了日本民族灵巧的双手。

连一向对“sea weed”（海藻）抱有“海洋魔性之物”这一观念的外国人，也对烹调得当的昆布卷叹服不已。让我来具体说明制作昆布卷的步骤。

首先是味道的标准。不能像佃煮菜般煮成咸甜口感。但若味道过淡，又会暴露昆布的一丝腥味。这是一道很考验滋味平衡的煮菜。选材方面，易煮快熟的“早煮昆布”自然便利，但真正的好滋味，来自煮昆布的过程。我常年使用北海道日高地区产的日高昆布。

馅料用的鱼选用本国的品种即可。过去在娘家，我用的是鲱鱼。战后不知何时起，换成了盐渍过的鲑鱼腹肉。味道比鲱鱼更鲜美，也能物尽其用。为鲑鱼腹肉去盐去脂需要用米糠水。自来水不但无法溶解脂肪，还会洗去鱼的鲜味。

打结用的干瓢，尽量避免使用漂白过的，不容易煮。

处理昆布时，泡发时间控制在10分钟以内，时间过长则不容易卷。卷起时从长边开始，注意不要卷得过紧，不然煮的过程中昆布会胀开，使绳结部分松动，里面包裹的鱼肉馅也很难入味。

干瓢的打结方式与庆典时所系的水引结[1]相同，把右侧搭在左侧上方，再从下往上拉紧系牢。两边的结打好后，绳头的方向应该朝上。如果不太明白，请查阅水引结的系法。

烹煮时要用到的工具有搪瓷锅、竹皮、油蜡纸、金属制落盖和两三颗小石头。我是用长方形的深盘来代替锅，这样煮汁用量合理，煮好后便于直接冷藏。小石头则作为煮昆布时的镇石使用。水分会使昆布卷浮起，用石头压住金属落盖，确保昆布不再浮起的程度即可。

烹煮的诀窍在于煮到竹签可以刺穿昆布卷内芯的程度，之后静置一晚。翌日早晨会发现余热已经把昆布卷焖软。在此基础上调味烹调，则万无一失。

●材料（约50卷）

昆布（日高昆布）……300—350g
干瓢（干燥）……50g
咸鲑鱼头、腹肉和脊骨等……1条份
米糠水{水……4量杯
　　　　米糠……1/2量杯
柠檬汁……少许
红辣椒……2个
{清酒……2/3量杯
 粗粒赤砂糖……1/2量杯
 酱油……2/3量杯
{甘露酱油……3大勺
 黑糖……3大勺
●清酒、盐

1　水引结：日本的一种传统绳结艺术。室町时代由遣隋使者传入日本后发扬光大。水引，即将特制细绳编制缀结而成。水引结用于迎春贺正祝寿祭祀婚丧等礼仪场合，是馈赠礼品用的装饰。

昆布的泡发在十分钟以内。
煮好后静置一晚。

●做法

①把咸鲑鱼头对半劈开，和鱼腹一起在米糠水中浸泡一天半。早晚更换米糠水。

②把泡好的鱼头和鱼腹用水清洗，切成1.5厘米—2厘米宽的小块，洒上清酒和柠檬汁各少许。

③昆布浸入水中，干瓢用盐搓洗后放入水中一起泡发。泡发的水在煮昆布时使用。

④展开昆布，在一端放上步骤②中的鱼块。把昆布裹起后切开。用干瓢打结系牢。

⑤竹皮上切开几个刀口，铺在锅底。把昆布卷的结朝上摆放入锅，放入红辣椒和材料表中一半量的清酒和步骤③中泡发的水，添加水到没过昆布卷的程度。把剩余的鱼腹肉填入锅里的缝隙中，覆上纸盖或者落盖，放上镇石。最后的锅盖留一条缝，开始烹煮。煮到昆布卷可以用竹签刺穿的程度，静置一晚。

⑥把粗粒砂糖和剩余的清酒倒入步骤⑤的锅中煮约20分钟。试尝口感咸淡，可加入适量酱油。再开小火慢炖2小时。若煮汁蒸发，适时添入开水。

⑦倒入甘露酱油和黑糖，即可完成。

七草粥、红豆粥、白粥茶碗蒸

滋养生命的安稳滋味从生活必要的元素里诞生

表现味道的词有“滋味”和“风味”。能如润物细无声的雨露般，恰到好处滋养生命的安稳食物，往往是野生的。比起蔬菜中的叶类，根类蔬菜更具代表性。而相较根菜，谷类和豆类的内涵更为深厚。

其中的大米，即使在吃完奢华大餐后再吃，仍能让食客感叹其日式滋味。日本味道的终极指向，也许还是落在米糕和米饭上。

但与此同时，美食家们却很少提及白粥。明明白粥才是最直接地表达大米本性的食物。粥是从人出生到离世都关照着我们的食物。希望大家都能好好地熬煮。

原味白粥是最基本的粥。只要能熬好白粥，其他的粥也都通了。米和水的比例是一比五。大米浸水的时间在30—45分钟之间。熬粥的锅请选择带有出水口和把手的“行平”土锅。忙碌的朋友，用焖烧锅来熬煮也可以。

七草粥是往白粥里加入切碎的芹菜、繁缕、宝盖草、荠菜、鼠麴草、芜菁和萝卜缨这七种野菜熬煮而成，香气四溢且清新怡人。

从前人们食用的蔬菜大多数是手摘菜。光孝天皇有一首和歌写道：“为汝往春野，摘嫩菜，雪扑簌扑簌，落吾一身。”其所表达的迫切食用绿色食物的心情，让生活的必需品，演变为每年节庆仪式的一部分。

根据辞典，从芹菜的净化血液起，七种草里每种都有一定的功效。但也不必拘泥于七种或是节日，不妨选用两三种蔬菜混合熬成粥，可以作为星期天的早午餐或较迟的晚餐。

要享用口感好的七草粥，诀窍在于往白粥里放入蔬菜和盐的同时，倒入开水，用木铲把菜轻轻切拌。加开水是我独创的方法。

红豆粥一般也只在节庆时熬煮。不仅因为红色的喜庆，红豆粥也有养肾的作用。

白粥茶碗蒸曾是母亲为宴会上未进食而回家的父亲，尽心烹调的粥品。以占据茶碗约1/3的白粥为原料的茶碗蒸，作为饮酒后的宵夜，是极其有益身体的温和滋味。幸田文[1]女士曾就母亲创作的这道菜撰写过一篇让人叹服的文章。之后我以燕麦代替白粥为原料，制作了这道茶碗蒸。

这碗粥适合断奶期的婴儿和幼儿、老年人和容易疲劳的人士，拥有超越国界的包容性。

●材料（各5人份）

【七草粥】

米	1又1/2量杯
水	7又1/2量杯
七草（碎末）	2大勺
盐	1小勺
开水	2又1/2量杯

【红豆粥】

大米	1量杯
红豆煮汁	3又1/2量杯
水	3量杯
水煮红豆	2量杯
盐	1小勺

1 幸田文（1904—1990）：日本随笔家，小说家。大文豪幸田露伴的次女。

煮粥时为锅盖留一条缝，以防止黏稠的粥汤溢出。

●做法

【七草粥】

白粥的熬煮方法请参照正文。为防止黏稠的粥汤溢出，熬煮时把锅盖留一条缝。此要点适用于熬煮任何粥。

熬煮好白粥之后，将切碎的七种草和盐添入锅中。

【红豆粥】

红豆去涩，熬煮到略硬的状态（参照 74 页）。

煮过红豆的汤汁里添入水，以此来浸泡大米。加入红豆后烹煮，煮好之后加盐调味。

【白粥茶碗蒸】

①熬煮白粥。

②用 3 个大鸡蛋兑 2 又 1/4 量杯出汁，调成蛋液，用少许盐和胡椒调味后再过滤。

③熬煮好的白粥放入茶碗里，倒入蛋液。

④蒸笼底部铺上湿布，再把茶碗放上去蒸制，可以避免产生蜂窝孔。

白萝卜佐味噌

以浓厚味噌包裹淡味 调配喜欢的味道以常备

耳边不断响起大锅里厚切的萝卜咕嘟咕嘟炖煮的重音。

被香气诱得掀开锅盖，浑白的汤汁缓缓浮动，煮透的萝卜圆片晶莹剔透，黑色的昆布若隐若现——锅中的这番景色，是我从小开始就熟悉并喜爱的。黑色映衬着浅浅的白，色彩的对比让我感受到了美。

装在碗里的萝卜很高啊。这样说来，好像大人教导过要尽量把萝卜切得厚一点吧。一根萝卜放在同一个锅里炖煮，有些好吃有些却不好吃，如果都挑到好吃的那该多好。

孩子看似不闻不问，却总能抓住要点；看似吃得漫不经心，却能明辨味道的好坏。食物是否经过用心烹煮，孩子的感受最直接。

炖白萝卜佐味噌（图片下方）的做法并无难点，但要留意萝卜部位的选择。白萝卜的块根靠近茎叶六七厘米的部分虽带有甜味，口感却并不细腻。尖尾的部分则带着辣味和苦味，但若追求萝卜的辛辣口感，绿头萝卜的尾部是不错的选择。

总之，萝卜中段最适合用于炖煮，包括这道炖白萝卜佐味噌。加出汁、一般的汤和白开水炖煮的都有，我则喜欢加入昆布和一把淘好的米。米可以缓解萝卜生腥味，还能带来一种难以名状的鲜味。

白萝卜佐味噌的美味，在于用浓厚的调和味噌酱包裹住萝卜的淡味。因此在寒冬，可以根据自己的喜好，用优质的味噌制作大量调和味噌酱存储起来。这样只需要煮好蔬菜，炖白萝卜佐味噌对于忙碌的双职工家庭也是易事了。

就寝前备好焖烧锅，翌日早晨就能吃到白萝卜佐味噌，带着暖暖的身体去上班；上班之前备好，温暖的菜肴就会等着你下班归来。事物的意义往往取决于人的思考和采取的方法。

我们身处味噌大国，有很多让人骄傲的味噌，因而无法以偏概全。但我想点名爱知县冈崎出产的本八丁味噌，用它可以调出令人惊喜的甜味噌酱、大葱味噌酱和肉味噌酱等。若调配柚子味噌，则要选用白味噌。

简素而受男性欢迎的是大葱味噌酱。圆觉寺的老僧认为“这个味道好”，直接抱着钵子享用。

把葱白的部分推刀切成极薄的碎末。包入布巾里浸水后，与相当于葱分量 1/5 或者 1/4 的味噌调和。搭配大葱味噌酱，是最能让这道炖白萝卜温暖身体的食用方法。不要忘记盛放这道菜的容器也要提前预热。

图片上方的料理是把剩余的炖白萝卜切成薄片，用兑了三杯醋的煮汁腌渍而成。腌渍一晚后，口感如芦笋一般美味。不仅适合用作日式与西式的前菜，早餐时也能发挥大作用。

与昆布、米一起炖煮，
催生难以名状的鲜味。

●材料（5 人份）

白萝卜……1 根
昆布（15cm 方块状）……1 块
大米……1/4—1/3 量杯
梅干……1 颗
八丁调和味噌酱
本八丁味噌……200g
蛋黄……2 个份
清酒……1 杯
水……1 量杯
砂糖……140—160g
大葱味噌酱
八丁味噌……50g
葱白部分……200g

●做法

①萝卜切成 3—4 厘米厚的圆片，削去外皮，底部用刀切一个十字刀口。

②锅底铺上昆布，把切好的萝卜放入锅中排好，把淘好的米和梅干倒入缝隙中。加入没过萝卜顶部的水。

③煮沸前保持偏大的中火。煮沸后调小火力。以最终萝卜能与味噌酱在舌尖浑然一体的口感为目标，把萝卜炖煮柔软。

④调配味噌酱。制作八丁调和味噌酱时，先把一部分味噌放入研磨钵。加入蛋黄和少许清酒充分研磨后，再加水、剩下的味噌和砂糖继续研磨。把研磨好的味噌酱转移到土锅或者搪瓷锅内，隔着热水搅拌到黏稠为止。

* 大葱味噌酱请参照正文中所述的方法制作。

* 柚子味噌酱使用白味噌、清酒、水、日本柚子膏或者日本柚子果酱。根据白味噌质地不同，加入喜欢的调味料。研磨方法同上。日本柚子要在每次食用前才与白味噌调配。

用萝卜缨做菜

不小看萝卜缨
尊重其贡献独特滋味的乐趣

萝卜缨和萝卜皮，要比块根部分的萝卜肉更有营养价值。对此无知的古人，把萝卜缨晒成了干叶再利用。如今这一知识早就公开，人们却面临难入手的情况。

这是流通等环节上的问题所致。但若现状得不到改变，我们可能会失去宝贵的食材。看似不足挂齿，却是对未来发出的一种讯号。总之，接下来我会介绍用萝卜缨和萝卜皮制作的五种料理和其中的诀窍，也期待各位在此基础上有所创新。

用容易被忽视的部分创造美味，有着别样的乐趣。这件事倚赖一种潜心挖掘事物本质的态度，也是内心认真面对人生的必要态度。

萝卜缨大致分为外侧的粗叶、内芯的嫩叶和介于两者之间的叶子。对它们区分处理是这次的工作。粗叶干燥坚硬，所含水分最少。因此叶尖要使用优质油，保持低温，油炸过程中使之慢慢脱水，形成一种浓绿色叶子上挂着薄薄一层酥皮的口感。这就是油炸萝卜缨粗叶（图片最上方）。

将其剁碎，与用萝卜尖研磨成的泥拌在一起，浇上少许柚子醋和酱油上桌，就变成了一道“油炸萝卜缨粗叶拌萝卜泥”（图片中排左侧）。

它是“酒肴拼才能”的一例。如果使用内芯的嫩叶或者中间部分的叶子油炸，即便一开始炸得酥脆，不出多久就会软化，无法再使用。

中间部分的萝卜缨最适合用作米糠腌渍菜和浅渍菜。因味道微苦且带有脆生生的口感，炒过后要用糖和酱油调味，也可以加入辣椒来增添辣味，做成炒萝卜缨（图片右下方）。这道菜曾被英国大船主盛赞：“真是能补充精力的食物啊！”

金平萝卜皮（图片右上方）是纵向削皮还是横向削皮，纤维的走向截然不同。沿着纤维走向把皮切成细丝时口感较硬，而与纤维走向呈直角切，口感则相对柔和。可根据自己的喜好来选择。加上少许海鲜鱼类，添上脆脆的培根粒，口感会更平衡。图中使用的是小鱼干。诀窍是当生姜的香味侵入油里，小鱼干以低温慢炒至腥味完全消失后，再加入萝卜皮细丝。

内芯的嫩叶没有涩味，极其柔软。内芯是掌握萝卜生命之匙的重要部位。把嫩叶用开水烫过后切碎，撒上盐后挤干水分，与热腾腾的米饭混合做成菜饭（图片最下方），最能展现嫩叶的新鲜口感。

到了二十一世纪，唯愿所有人都能珍惜利用地球资源。即使是微不足道的东西，也希望掌舵日本这艘大船的船长们，能够听得到它们的诉求。

粗叶用低温油炸。
嫩叶用开水烫过后做成菜饭。

●材料
【油炸萝卜缨粗叶】
萝卜缨粗叶……1人3片
油炸用油……适量
烤盐……少许
【油炸萝卜缨粗叶拌萝卜泥】（1人份）
油炸萝卜缨粗叶……3片
白萝卜泥……1/2量杯
（白萝卜泥的水分提前轻轻挤掉）
柑橘类果汁、酱油……各少许
【炒萝卜缨】
中间部分的萝卜缨
……1根萝卜的量
橄榄油……少许
清酒、砂糖、酱油……各适量

【油炸萝卜缨粗叶】
粗叶的菜梗部分舍去不用。油以中火加热，先试炸一两片萝卜缨，再调小火力，炸剩余的叶子。最后撒上烤盐。
【炒萝卜缨】
把中间部分的萝卜缨充分拭干水分切成碎末。锅里倒入油，加入萝卜缨煸炒。倒入调味料后继续翻炒，此时萝卜缨会渗出水分。把它们集中在锅的一侧，收汁并浇在萝卜缨上。
【金平萝卜皮】
萝卜皮、小鱼干、生姜各适量
橄榄油、清酒、辣椒粉
萝卜皮切成同样大小的细丝。用小鱼干时依靠其本身的咸味即可。与樱花虾、蛤蜊组合时，用酱油来调味。

牛筋肉和调味蔬菜的横取锅[1]

丰富胶质可增强体力 蔬菜香气送来春天的消息

表示消化的词语“熟れる”，包含了“熟成、熟练”之意。用来表达人在领会事物的意义之后，应用自如的行为。还派生出“使い熟す”（娴熟使用）、“身熟し”（身体力行）、“着熟し”（衣着得体）等说法。

饮食的领域与“娴熟使用”一词息息相关。能将食材发挥到何种程度，决定了一切。美味与否自不必多言。极端的情况下，甚至能将生命分为明暗两面。

战争年代，母亲把配给的少量玄米碾成粉之后做成团子，薄薄涂上一层配给的油，煎好端上桌，想方设法让我们吸收营养。另一方面，也有将同样的米换成白米的人。食物的明暗就在于此。如今我们是否已能够正确而娴熟地使用和品尝各种食材，并因此活得更轻松了呢？就以米为例，即便了解了胚芽的重要性，在学校供餐里使用胚芽米的又有多少呢？

开篇写得似乎太长了，但我还要强调，动物根据部位不同，营养价值也有差异。

日本的肉店里没有血腥味。在别国，食肉似乎是所有国民的取向。而像我们这样的农耕民族不常食用的动物部位（比如鱼的头部），其实含有不可或缺的营养。在当今时代，会料理、会吃每一个部位才好。

本文介绍的“横取锅”，是将牛腱或牛筋肉，做成类似鮟鱇鱼火锅来食用。

牛腱和牛筋肉含有日本人不常摄取的丰富胶质，据说很适合肌肉松弛的人食用。当然对关节也有好处。

把柔若无骨、滑爽的牛腱或牛筋肉，放入酒味浓郁的汤里做成火锅，加入各种药味佐料来食用。调味蔬菜切成针一般的细丝，夹起一筷子直接放入汤里涮到爽脆，和软糯的肉是绝配。

这种抑扬顿挫的口感伴随药味佐料的变化而来，愈发促进食欲。这次所用的绿色蔬菜是带根荠菜。小而紧实的荠菜根接触牙齿的那一刻，香味四溢，仿佛听到春天的脚步。荠菜和蒲公英是贴地生长植物的代表，连内芯都吸收了太阳的恩惠，充满了力量。

牛腱和牛筋肉与其他部位相比，显然更强韧。强韧的食材中加入昆布、香菇和梅干来缓和，再与吸收了田野精华的荠菜和芹菜等来相配，这很重要。

●材料（5 人份）

牛筋肉或者牛腱 …… 800g—1kg

A
- 大葱 …… 1 根
- 生姜 …… 30g
- 昆布（15cm 方块状）…… 1 块
- 干香菇 …… 6 个
- 梅干 …… 2 颗
- 盐 …… 1 大勺

蔬菜类
- 胡萝卜、西芹细丝、牛蒡薄片、
- 芹菜或者鸭儿芹、荠菜 各适量

鸡汤、清酒、盐 …… 各适量

药味佐料
- 白萝卜泥、细葱碎末、
- 发酵辣椒酱或者日本
- 柚子胡椒 …… 适量

酱油

1 横取锅：辰巳芳子自创的名字（见文末附记）。“横取”在日语里有争抢之意。

酒味浓郁的汤底，
肉软糯而蔬菜爽脆。

●做法

①把牛筋肉放在开水里焯一下取出，浸入冰水静置约半小时。

②从冰水中取出步骤①的牛筋肉，与A和足量的水一起炖煮柔软。昆布和葱煮好后需取出。

③准备蔬菜和药味佐料。比起辣味萝卜泥，出产于新潟县的发酵辣椒酱更美味方便。

④锅里倒入鸡汤、少许盐和足量清酒。放入步骤②中已经被切成适合大小的牛筋肉和配菜A，一起加热。蔬菜类烫爽脆再食用。添上药味佐料和酱油。

●附记

“横取锅”之名，是因我考虑到这个火锅所用到的食器是公共的，会出现大家争抢的局面。牛筋肉用高压锅或者焖烧锅能更快炖软。把肉汁过滤，放置一段时间会凝结成肉冻，再将其分成小份冷冻保存，用于味噌汤、火锅和咖喱等需要补足出汁的料理也不错。

蒸莲藕汤

紧实而上等的淀粉质地
一改单凭『嚼劲』获得的口感印象

植物学家大贺一郎博士成功将约两千年前的莲花种子培育发芽、开花，已是四十年前的事了。沉睡了两千年的生命，被人类投身科研的热忱唤醒，得以延续，这难道不神秘吗？事实上，我也曾收到过那具有历史意义的小小一段藕节，将其栽种，为它们在夏风中摇曳的身姿所叹服。

虽然我们一般栽种的莲花与大贺博士培育的性质不同，却也隶属于跨越了两千年仍开出高贵朱鹭色花朵的强大生命体系。

古时候的人们从过往丰富的经验中得出了医食同源之说，并流传至今。其中就有莲藕能解渴止呕、对呼吸系统有益的发现。特别是长须的藕节，很适合磨成泥之后给家中体弱者食用。我一定会把莲藕切碎后加到铁火味噌[1]里。

在中国，人们很重视莲子养心宁神和益肾涩精的功效。在越南，高僧们常饮用嫩莲叶泡的茶，据说能够静心。

日本莲藕的季节在十二月到次年二月。这段时间的莲藕涩味少且营养丰富。但不同产地的莲藕，淀粉含量似乎也有差异。凭个人有限的经验，我认为加贺（现石川县南部）和爱知县产的莲藕最能代表宝贵的日本滋味。

这次要介绍的是加贺的“蒸莲藕汤”。发挥生于斯长于斯的莲藕本性，与其他极具日本特色的食材融合而成的严冬之味，是能够抵御严寒的佳品。一般人对莲藕质感的印象仅来自嚼劲，想必这道菜会让你耳目一新。

加贺莲藕所含的淀粉味道总给人一种莫名的高级感。紧实的莲藕添上鳗鱼，滋养完备。为增添风味和口感，可以加入葛馅[2]和香味浓郁的芥末。撒上百合和银杏则更热闹。成品既有加贺藩昔日的百万石[3]的风范，又经济实惠。

烹调方法看似复杂实则不难，并不容易失败。成品是否美味，取决于莲藕的质感。

鳗鱼选择市售的蒲烧鳗鱼中段，一人份相当于 1/4 条鳗鱼的分量。为减轻鳗鱼腥味，须将清酒涂抹于蒲烧鳗鱼表面，再加热。

把新鲜百合瓣一片片从球形根上剥下，浸入盐水中静置约 15 分钟，再用清洁的布巾包好。扎口一定要朝下，放入水已烧滚的蒸锅里蒸上 5—6 分钟。关火后放在蒸笼里直至冷却后，打开布巾取出百合瓣。百合瓣的表皮极其脆弱敏感，如果温度变化剧烈，会迅速溶化。

葛馅则适合搭配隐隐带着一丝甜味的东西。

●材料（1 碗份）

莲藕（高品质莲藕去皮磨成泥）……满满 3 大勺
蒲烧鳗鱼……1/4 段
新鲜百合瓣……3 片
银杏……2 颗
清酒……少许
葛馅
　出汁……1/3 量杯
　盐、味醂、酱油……各适量
　葛粉或者猪牙花粉……适量
芥末或者生姜……少许

1　铁火味噌：以赤味噌为基底，加入蔬菜（主要是根菜、豆子、炒牛蒡），用砂糖、味醂和辣椒等调配而成的调和味噌酱。

2　葛馅：酱油和砂糖调味后的汤汁里，加入用水溶开的葛粉，用小火煮熟的食物。一般作为浇汁或者酱汁来食用。

3　百万石：江户时代，日本各地区（藩）以米的产量（石高）来表示该地区的财力及兵力。统治着现在的石川县和富山县的加贺藩，是全日本石高特别多的一个藩，高达 100 万石（大约 15 万吨），被誉为“加贺百万石”。

莲藕的品质是唯一的考量，搭配蒲烧鳗鱼来补足营养。

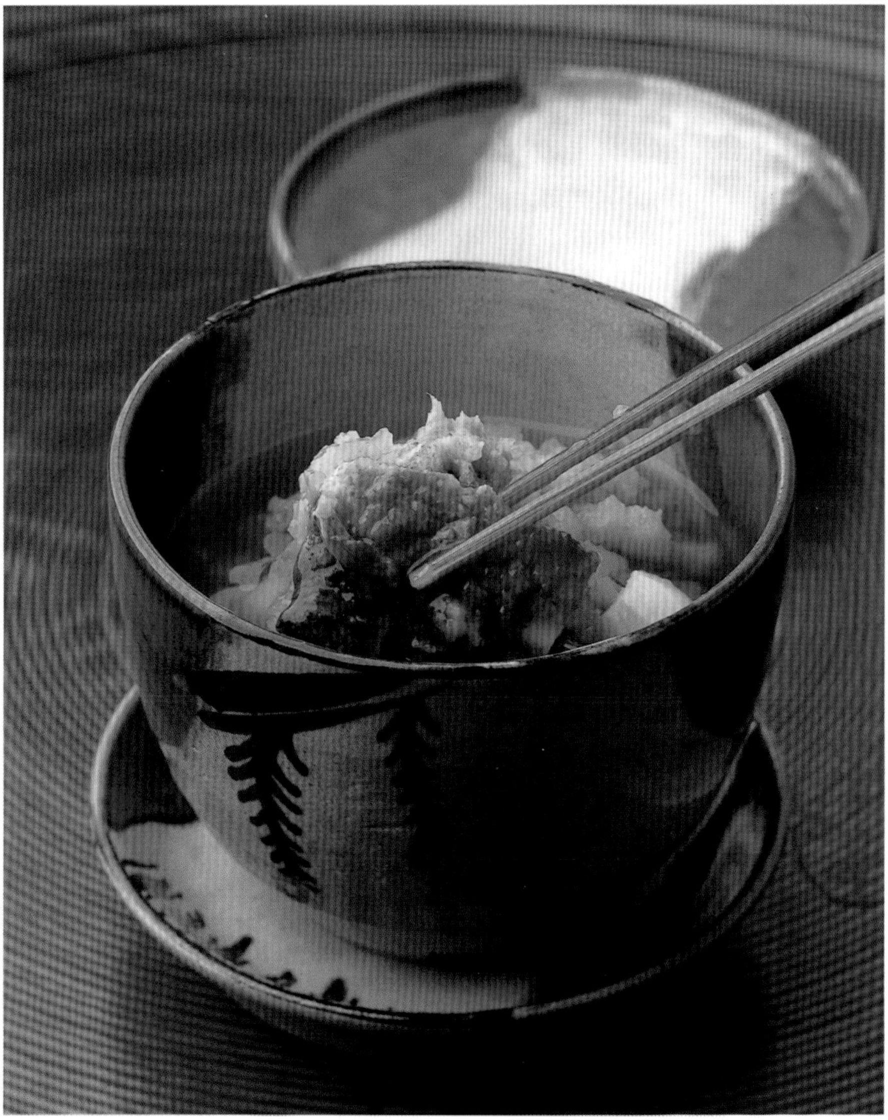

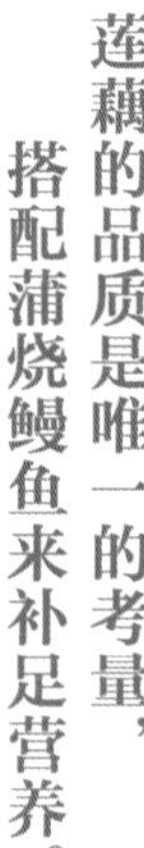

●做法

①将百合瓣蒸熟。银杏用钳子等工具压碎外壳，取出果实连皮放入灰汁里煮熟，用饭勺背面或者打蛋器搅拌，可以轻松去皮。去不掉的皮直接用手剥除。

蒲烧鳗鱼表面涂上清酒，炙烤后切成 2 厘米长度。

莲藕磨成泥，连同汁液一起放入深盆里。

②蒸钵底部铺上一大勺莲藕泥，放入鳗鱼，撒上百合和切成两半的银杏果，接着继续铺上莲藕泥，放入鳗鱼、百合和银杏果，最后顶部用莲藕泥盖住。即一共铺 3 层莲藕泥。时间控制在锅内冒出蒸汽之后，焖锅蒸制约 12 分钟。

不使用带盖蒸钵的情况下，用小盘子或者保鲜膜覆盖在容器上面，使凝结的水滴不落入容器中。

③在蒸制的同时，制作葛馅。用少许煮沸的味醂调和成口感微甜的出汁，与莲藕汤很相配。浇汁的浓稠度接近于葛粉汤的 1/3 程度。

蒸好的莲藕略带一点灰色，但这是莲藕的本性，不要因此而埋汰它。

浇上能覆盖顶部莲藕泥的葛馅，添上芥末泥或生姜泥。热腾腾端上桌，定会受欢迎。

治部煮

冬日的滋养凝于一碗 驱赶严寒的醇厚滋味

日本冬季的菜肴中，佳品被冠以“热物”之称。其中能驱寒的醇厚滋味，在北陆金泽地区尤为盛行。

治部煮就是其中的代表。据文献记载，治部煮曾以斑鸫这种候鸟为主要食材。我们家还留存着加贺出身的祖父写下的捕捉斑鸫的体验录。

体验录绘声绘色描绘了身着冬装、刘海立起的少年（祖父），提着灯笼攀登雪山的各种情境。并提到当时在金泽地区，每到冬天支起霞网[1]来捕捉斑鸫是武士阶级的乐趣。孩子提着灯笼走在大人前面，以学着留意脚下的动静。借由玩乐的方式来锻炼孩子的身心，可能才是大人们的本意。

之后斑鸫成了禁止捕猎的珍稀动物，治部煮的主角也换成了鸭肉。金泽的治部煮里还会添加帘麸[2]、香菇、芹菜、日本柚子和芥末。

烹调好的治部煮有着高雅的咸甜滋味，添上日本柚子清爽的酸味和芥末的香气融合成独特的风味，让我常常深感这是一碗凝聚了冬日滋养的佳品。

做法上，看似考验高超技艺，但实际最需要留意的，只是趁热上桌而已。

做好这道菜肴的秘诀是，①把混合多种调味料的八方酱汁[3]和用它兑开的昆布出汁预先备好。②按八方酱汁和昆布出汁的不同配比，调成浓淡不同的两种出汁。

这两个秘诀源自我自身多年的经验。如果鸭肉不用味道浓郁的汤汁去煮，就无法去除膻味。麸质和其他食材放入锅里从一开始一起炖煮的话，整道热物的口感会变得很腻。鸭肉的油腻感用日本柚子的酸味、芥末和添加的芹菜来调和成令人愉悦的口感。这样才能让食客感到这道美食带来的满足感。

在家里做冬天的热物，上桌前最简便的保温方法是，将带盖的陶制容器置于一个有深度的长方形托盘上，托盘里倒入开水并用小火充分预热（盖子也能同时加热）后，按照鸭肉、帘麸、香菇、芹菜、日本柚子和芥末的顺序装入容器中，把容器取出放在布巾上，擦干容器四周的水分，合上盖子端上桌。虽然如此一来不能使用图中的漆器，却能完美地上一道热菜。

治部煮所用的鸭肉有绿头鸭、家鸭和进口冷冻鸭。进口鸭脂肪薄，更便于料理。也可以选用牛里脊或牛肩肉。练习时可用鸡肉或者煎豆腐代替，领会烹调手法和顺序。一人份的肉约为 80 克，也是性价比很高的一道菜肴。

●材料（5 人份）

鸭肉或者牛肉		400g
麸质（栗麸[4]或者帘麸）		1 块
生香菇		5 个
芹菜		适量
日本柚子（切圆片）		1 个
芥末（磨成泥）		少许
昆布出汁	肉用	1 量杯
	麸等食材用	2 量杯
A	煮过的清酒	1 量杯
	煮过的味醂	2/3 量杯
	酱油	1/2 量杯
B	小麦粉	1 量杯
	砂糖	1/3 量杯

●盐

1 霞网：用肉眼几乎不可见的细线编织成的捕捉小型鸟类的网。以立柱为支撑点，远远望去就像带状晚霞般飘浮在空中而得名。如今已被禁用。

2 帘麸：加贺地区出产的特色烤麸。将生麸放在寿司帘上蒸制而成，表面呈帘子状，是烹调治部煮缺一不可的食材。

3 八方酱汁：把出汁煮沸后加入清酒、味醂和酱油等调味料，是可用于各种菜式的万能酱汁。

4 栗麸：生麸里混入栗子蒸制而成，外观呈现栗子的黄色。

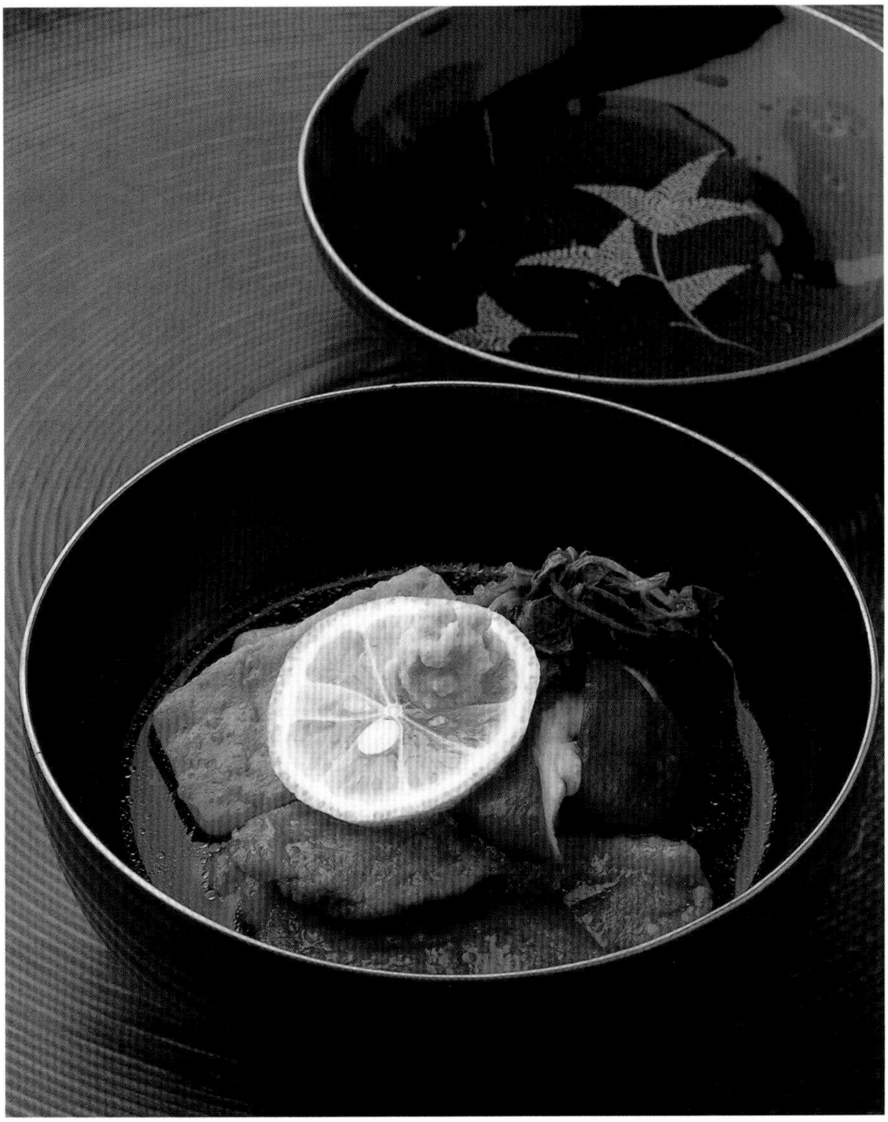

使用浓淡两种出汁，盛入热好的容器中呈上。

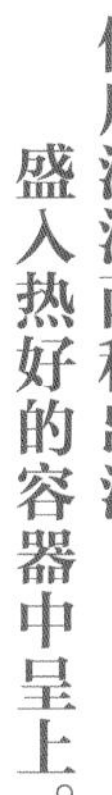

●做法

①准备昆布出汁和A。浓郁的（肉用）出汁（a）以一杯昆布出汁兑一杯A制成；清淡的（麸质用）出汁（b）是将昆布和A按2 ：1的比例来调配，分别倒入各自的锅中。

②肉切成一片5毫米厚度，麸切成1厘米厚。平均一人2块的分量。香菇去菌柄，切成适合食用的大小。芹菜放入热盐水中稍加焯水后，过一遍冷水，再切成3厘米长度。在此期间把麸质和香菇浸入（b）的清淡出汁里。

③将浓郁出汁（a）加热。

放了（b）的锅也开始慢煮。

把肉蘸上材料表中B，待（a）煮沸后，一块块放入（a）中，煮到五分熟后，转移到已预热的容器里。

在出汁（b）中加入芹菜，与其中麸质和香菇稍加混合后，按每人两筷子的量盛入容器。

（a）的煮汁若因煮的时间太久而收干，可以加入昆布出汁，倒入容器中。

最后在肉上添加日本柚子和芥末。

日内瓦风格炖猪肉

与主食百搭且经济实惠 与牛肉不同的别样滋味

用如同天鹅绒般的酱汁炖煮出浓厚风味的肉，在它边上，是闪着光泽的蘑菇土豆泥、黄油煮胡萝卜和油炒绿色蔬菜。这样的冬日组合超越时代，溢满幸福感，让人不由得探身。

以“boeuf à la mode”（用牛骨烧汁炖出的滋味浓厚的牛肉）为首，炖牛肉难以撼动的美味，无疑来自选用的牛肉部位。但用猪肉也有着别样的美妙滋味。

这道被称为日内瓦风格的炖肉，虽然其名字的来历不明，却在为数不多的西式炖猪肉中拥有一席之地。“能跟米饭、面包、薯类、面食等主食随意搭配，所以经常做。”收到这样的反馈，可能正是因为这道菜既经济实惠，肉的选择也简单，加上不使用调味膏，做起来容易且营养全面。

肉在炖之前先煎烤的方式有两种：一种是肉的表面不抹粉直接煎烤；另一种是肉的表面抹上粉再煎烤至产生焦色，使肉的表面形成一道隔膜，从而锁住肉的鲜味，由此在炖煮阶段，使酱汁渗透进肉里。

西式烹饪方法最让我羡慕的一点是，各种烹饪技法能被提炼成合适的表达。上述的方法中，后者简而言之就是进行“rissolage”，一词足矣。

这道菜便是从仔细小心进行 rissolage 开始。

猪肉以 rissolage 技法煎烤后，倒去锅中不需要的油脂，往附着了美味焦色的锅壁浇上酒，将这个鲜味汤汁用木铲刮拢到一起，倒在已经转移到炖锅里的肉上。盖上锅盖并开火，煮到沸腾之后，为使肉整体吸收酒的风味，把整个锅里的食材搅拌混合。整个过程被称为“déglaçage”。rissolage 和 déglaçage 是西式炖肉中必不可少的手法，请记住它们。

日内瓦风格的炖肉也是按从 rissolage 到 déglaçage 的顺序。最后把番茄撒在表面，加入调味料继续炖煮至肉质酥烂，就很满足。如果再进一步，把酱汁用搅拌器搅拌到柔滑，就能使得肉和调味蔬菜以及番茄的味道浑然一体。

再用小火将酱汁炖上约 20 分钟，使多余的油脂分离，浮在酱汁表面。撇去这些油脂，酱汁就做好了。此时将肉和蔬菜放回酱汁中，调节酱汁的浓度和味道，这道菜肴便宣告完成。

添上香菇和莲藕，是将日内瓦风格的炖肉本土化的试验。我发现香菇可以缓和肉腥味，莲藕则带来了新的风味。

●材料（5 人份）

A
- 肩里脊肉……800g
- 盐、胡椒……各适量
- 小麦粉……适量

B
- 大蒜（碎末）……1 瓣
- 洋葱（碎末）……150g
- 西芹（碎末）……100g
- 干香菇（泡发后切成两半）……5 个
- 月桂叶……1 片

莲藕（切成一口大小）……200g
水煮番茄……600g
汤（泡发香菇的水 + 水 + 固体汤料块 1 个）……4 量杯 *
白葡萄酒或者清酒……1/3 量杯
●盐、胡椒、色拉油
* 包含调节浓度咸淡的用量

肉的表面拍上小麦粉，煎烤出焦色。把锅壁上的鲜味刮拢到一起。

●做法

①把 B 的材料倒入厚壁深锅内蒸炒。

② A 的猪肉切成一块约 50g 的块状。肉的表面拍上盐、胡椒和小麦粉，另外的平底锅倒入色拉油，把六块肉表面进行 rissolage 处理。

③把步骤②的肉按照煎烤好的顺序放入炖锅内。

④倒掉步骤②锅里的油，倒入白葡萄酒或清酒并刮锅壁，把刮下的汤汁倒入步骤③的锅内，即进行 déglaçage 处理。

⑤把番茄、汤和少量的盐加入锅内，中火煮沸。煮沸后撇去浮沫，调小火力。

⑥等肉炖煮到七分熟软化后，把事前炒至半透明的莲藕倒入步骤⑤的锅中。

⑦肉和莲藕全部炖软后，如果需要对酱汁再进一步处理，可以把锅中的食材取出放入别的容器里，把酱汁继续加热到产生光泽，撇去浮起的油脂。把食材放回酱汁中，用汤来做浓度和咸淡的调节。

意式蔬菜浓汤

意大利式卷织汁
骨头出汁有益孩子成长

意式蔬菜浓汤（minestrone）可谓意大利的民族之汤，相当于日本的卷织汁。词源来自代表所有汤品的词“minestra”，将其如装饰音般延伸，就演变为了“minestrone”。

意式蔬菜浓汤以洋葱、胡萝卜、土豆和西芹等蔬菜为主材料，加入各个地方的特色谷物烹煮而成。据说意大利北部称其为“milanese”，而在托斯卡纳地区，会加入小颗粒的白芸豆，并称其为“fiorentina”。

我曾在罗马的研修所学习过，至今怀念那里的厨房。空旷的空间里，厨师长必须带着麦克风教学。位于中央的大小炉灶上，放着通过点燃焦炭来加热的铁板，靠近火源处温度极高，离火源越远则温度越低，也就意味着只需在炉灶上移动锅身，就能找到适合的温度。

教我做这道汤的马里奥老师，在三块铁板并排搭起的炉灶一角，一边守着熬煮中的小牛出汁（fondo bruno），一边调配酱汁，同时还煎烤着其他食材。铁板冒着热气，他时不时擦拭着额头冒出的汗，俨然是一位忙而不躁、杂而有章，表情始终平和，丝毫不乱阵脚的人。

本文的“意式蔬菜浓汤”便是马里奥老师的亲传，这道风格自然的汤品，堪称以他的人格魅力激发了蔬菜能量，具有舒缓疲劳的治愈力。我一直为孩子们做这道汤，唯一的烦恼来自仔牛骨出汁。与意大利饲养半年左右的仔牛不同，日本的仔牛宰杀时节过早，因此骨头的成分有所欠缺，力量不足，这不巧是影响整体味道的最大弱点。

意式蔬菜浓汤是一道可经常食用的汤品。汤的营养一半来自骨头，另一半来自各种蔬菜。为了孩子，我们至少可以改用鸡汤的汤底来烹调这道意式蔬菜浓汤，前两顿喝汤，第三顿开始做成意大利烩饭。如此便是物尽其用之道。

做意式蔬菜浓汤，首先是蔬菜的选择。洋葱选择以甘甜、柔嫩、水灵著称的淡路系列；土豆选用不易煮烂的“May Queen”；胡萝卜要选择带有透明感的胡萝卜。其次是把所有蔬菜切成均一尺寸。第三是使用优质橄榄油和不会酸化的奶酪。另外，蔬菜要蒸炒至八分的软熟程度。橄榄油和蒸炒的手法使得蔬菜不会用自身的涩味来影响各自的本味，同时也不互相串味，倒入汤炖煮之后，美味就能融合为一体。

不会熬汤的人可以提前把鸡中翅和鸡脖煮好，再放入蒸炒后的蔬菜中一起炖煮。煮完后取出鸡脖即可。即使在意式蔬菜浓汤中混入了鸡中翅，也是出于因地制宜的考虑，应该能被允许吧。

●材料（5 人份、1 次份）

洋葱（碎末）	1/2 个
胡萝卜（1cm 的块状）	2/3 根
西芹（1cm 的块状）	1 根
土豆（1cm 的块状）	2 个
卷心菜	3 片
番茄（切成大块）	1 个
水煮白芸豆	100g
通心粉（干燥）	100g
鸡汤	2L
月桂叶	1 片
橄榄油	4 大勺
盐	2 小勺
帕玛森干酪碎	6 大勺

选择优质蔬菜、橄榄油和奶酪，将蔬菜蒸炒软化。

●做法

①锅内倒入橄榄油，洋葱用小火炒，尽量不要让其变色。加入胡萝卜和西芹，盖上锅盖蒸炒。接下来把卷心菜（菜梗切成小块，菜叶切成2厘米块状）倒入锅中，再次盖上锅盖蒸炒。切成块状的土豆用水冲洗过后倒入锅内，继续蒸炒。水分不足时，可以添加少许鸡汤。

②蒸炒到八分熟时，加入月桂叶、剩余的鸡汤、番茄、水煮白芸豆和折短的通心粉，撒少许盐来调味。静静炖煮20—30分钟即可完成。

在此期间刨一些帕玛森干酪碎待用。

●附记

白芸豆浸水一晚，加上少许调味蔬菜的边角料，滴上橄榄油多煮一些备用会很方便。其中一部分用来烹调意式蔬菜浓汤。

酒粕炖猪肉

酒粕是『滋养的宝库』既软化肉质，又消油解腻

世上有不少酿酒留下的酒粕，但能直接食用、饮用或者用来烹调菜肴的可能只有清酒粕。啤酒粕含有酵母，一般用来制药；被称为“marc”的葡萄酒粕用来制作白兰地。即是说，它们都不能用于日常生活。

更有学说表示，清酒粕因含有米和酵母等多种营养素，被誉为“滋养的宝库”，甚至比清酒本身更优质。

从严冬到早春，各种酒粕料理上升为正式膳食，并非仅仅因酒精能使身体发暖而已。

酒曲是日本饮食文化的核心。请体认这一事实，从而领受这份恩泽吧。初午[1]时分的一碗精进酒粕汤沁入五脏六腑的那种感动，让人无法割舍。

这次我用酒粕做了炖菜。肉要选择带有适当脂肪的部位。西式炖猪肉历史悠久且方法独到。比如用番茄的香味来解腻、加牛奶以缓和肉腥味等。在日本料理中，炖猪肉的菜除了冲绳料理有以外，屈指可数。角煮也不过是复制了中国的做法。[2]因此，我想到往猪肉里添加清酒粕以去腥并去油脂，再与当季蔬菜一起烹调。

素材是完全日式的种类。但无论对肉还是蔬菜的烹调，都用了西式炖菜常用的手法。比如肉要进行rissolage（肉拍上粉后，通过煎烤把鲜味锁住）处理，再与蒸炒过的日本葱和生姜一起炖煮；加入肉里的芜菁和香菇整个用油炒，再放入汤里炖煮；等等。

另外，魔芋要撕成大块，表面用油煎过，使其所含的石灰质不影响其他食材，同时保有魔芋独特的嚼劲，丰富整道菜口感的层次。芋头炸到七分熟，撇去多余的油分后再炖煮，可以避免芋头涩味的影响。

收尾工作是把食材从煮汁里捞出来，并继续加热煮汁，撇去漂浮的油脂，适量加入昆布出汁，放入剩余的酒粕，用盐调整咸淡。过滤出柔滑的煮汁后，再把食材放入其中吸收味道即可。以上的手法简单而能带来满足感，试过便知。因为这是本民族代代生存至今的一贯风格。

用酒粕炖出的肉，不仅软化得快，也抑制了肉腥味和油腻感——这是最大的惊喜。但我认为，此方法未必适用于烹调牛肉等其他红肉菜肴。

有好酒粕的地方，就有美酒的存在。

●材料（5人份）

材料	用量
肩里脊肉	800g
小芜菁	10个
香菇	10个
魔芋	1块
芋头	10个
大葱（葱白部分）	1又1/2根
生姜	1片
酒粕	1量杯
昆布出汁	适量
汤	适量

●盐、清酒、小麦粉、色拉油

1　初午：原指日本旧历二月的首个午日，明治维新后改为西历二月。当天日本各地的稻荷神社会举行祭祀稻荷神之礼，以此祈求五谷丰登。

2　角煮是日本九州长崎的一种特产料理，也是杭州东坡肉在日本的变种。

二月

运用西式炖菜手法，把酒粕分两次加入。

●做法

①炖煮用的锅里加入少许油、葱花末和生姜薄片蒸炒。

②把肉切成 3 厘米块状，撒上 2 小勺盐。拍上粉，用油煎烤，放入步骤①的锅内。

倒掉煎烤肉残留的油，将锅壁进行 déglaçage（倒入清酒，刮下附着在锅壁上的肉鲜味）处理，转移到步骤①的锅内。

倒入没过肉块表面的昆布出汁，放入一半分量的酒粕和一小勺半盐，开火炖煮。

③等肉软化期间，将魔芋用盐抓洗、水煮。撕成块状后油煎，撇油后放入炖肉锅里。香菇和削过两次皮的芜菁油炒后用汤炖煮。芋头按照正文所述进行处理。

肉炖煮的柔软度需要品尝后再判定。若太过酥烂，酱汁的美味会盖过肉本身。

等肉基本上变软后，放入所有蔬菜。收尾工作请参照前文内容。

醋腌青花鱼

熟识鱼类的先人所创 鲜味和性价比皆佳

我希望年轻人能掌握一些日本饮食文化的手法，其中之一便是“腌鱼的方法”。鱼虽美味，却有鱼身柔软不易保存的难点，而将鱼腌渍正是能弥补这一不足的妙招。

腌鱼大体分为盐腌、醋腌和昆布腌三种方法。这些方法达到的效果有：①鱼肉更添紧实感和鲜味；②其鲜味可以做出完成度更高的料理；③腌过的鱼肉更易保存，能更经济有效地使用。

其中绝佳的一例便是醋腌青花鱼。青花鱼柔软而美味的鱼肉用盐腌渍，再通过醋的作用抑制了油腻。在调查文献后，我发现醋腌的方法具有地方特色，五花八门。虽然各有千秋，却正是熟知鱼类的岛国人民独有的才能。

醋腌好的青花鱼可以作为刺身食用，把冬青花鱼做成握寿司，味道可以媲美鲔鱼（黑鳍金枪鱼的成鱼）。棒寿司的醇厚滋味与渗入舌头的美味组合成另一种别样风味。每条大青花鱼的鱼肉可以做成四根棒寿司，这正是腌青花鱼独有的高产出率。竹荚鱼、沙丁鱼和斑鰶的用法也以腌青花鱼为基准。一到冬天，海里鱼类的肉质变得紧致，脂肪跟秋天比起来更为细腻，让人自然而然想要制作醋腌鱼。

本文要介绍的便是鱼肉的醋腌法。醋腌一词给人的印象，往往认为主要依靠醋的作用。其实，虽然称为醋腌青花鱼，但是是用 70% 的盐和 30% 的醋来腌渍。醋的作用主要是改善口感。

至于用盐的方法，日本大体分为重盐、中盐和薄盐。鱼身的用盐比例没有明确标准，让我试着来给出一个比例。鱼全部以整条鱼片开成为两块鱼肉和一条鱼主骨。竹荚鱼和沙丁鱼等青背小鱼，不带脂肪的一百克鱼肉里用盐量为 3%、带脂肪的则用盐量控制在 4%—5%，腌渍时间为 1 小时；小青花鱼用盐量为 12%—13%，腌渍 2 小时；大青花鱼用盐量增加到 15%，腌渍 3 小时。如果想缩短时间，可以增加用盐量。图片是我母亲的腌渍方法。把盐像降雪般撒在鱼身上，腌渍时间为半小时。

拜读料理名人的著作，我发现醋腌时盐的用法也是五花八门，而共性是浸醋的时间较短，比如小鱼只浸泡 10 分钟，几乎只是在醋里洗一下的程度；时间长的也不过 20 分钟。青花鱼则从半小时到最长 50 分钟为止。如果直接作为刺身食用，需浸醋 50 分钟；握寿司是 40 分钟；棒寿司的话半小时应该就足够了。棒寿司做好之后至少要压半天以上到整整一天的时间，因此鱼身也会受到醋饭的影响。

我们需要重新审视本国的优点。即便是制作西式料理，也请着眼于醋腌鱼和昆布腌鱼的优势，特别是鱼类沙拉，来考量食物的本味所在。

●材料

【醋腌青花鱼】

青花鱼……适量

天然盐‥鱼肉净重的 12%—15%（根据大小和脂肪来调节）

醋（清洗用、浸泡用）……各适量

生姜、柠檬……各适量

【醋腌竹荚鱼、沙丁鱼、斑鰶】

竹荚鱼等……适量

天然盐……鱼肉净重的 3%—5%

醋（清洗用、浸泡用）、生姜、柠檬……各适量

根据脂肪程度来调节盐的用量，用醋浸泡的时间尽量要短。

●做法

①整条青花鱼片开成为 2 块鱼肉和 1 条鱼主骨，鱼腹如有骨头需要剔除。

②把盐擦在鱼身两面。

鱼身放入托盘盐渍。选择带网眼的方形托盘，可以沥下盐渍过程中渗出的液体；或者下面垫上厨房用吸水纸巾。

③盐渍结束后用水冲洗鱼身上的盐分，再用廉价的醋清洗后，浸入优质的醋里。加入生姜和 2—3 片柠檬腌渍，可以更好地抑制鱼腥味。

④醋腌的工作结束后，沥干鱼身上的醋。

直接生食时，片下薄薄的鱼皮，拔出骨头，做成刺身或者各种各样的寿司。

* 把醋腌过的鱼烤制后食用则别有一番滋味。青花鱼适合放在烤网上烤，切成小块，把鱼皮烤出好看的焦色效果，添上白萝卜泥和生姜泥的混合物。

做成脆脆的法式香煎鱼排也很美味。

慈姑炸真薯[1]

绵密质感和独特风味
配荞麦面也无比美妙

“你吃过慈姑吗？”

“吃过啊。但是不太喜欢。”

“慈姑煎饼也不喜欢？”

“喜欢的。”

“那么，炸真薯呢？”

“那个很好吃哦。”

以上是我和三十多岁的侄子的对话。虽说慈姑不是常见的食材，但其绵密的质感和独特的风味，与油很相配。“慈姑炸真薯”更是一种受年轻人喜爱的美食。

菜式也有流行和过气之分，好东西有时也会因被埋没而消失。不知为何，如今不论是饭店还是美食评论中，都不见慈姑炸真薯的身影。但这是能发挥慈姑优点的烹调方法，所以推荐给大家。

慈姑成熟期是十一月到次年三月。日本产的慈姑大多表皮发青、球茎口感坚硬绵密，且香味浓郁。中日本产的慈姑则表皮呈棕褐色，球茎口感疏松，香味稍欠，个头较大。慈姑的种类有小个的公主慈姑、豆慈姑，还有黑慈姑。黑慈姑最适合烹制咸甜的炖菜，拿来做炸真薯太可惜。

慈姑炸真薯的做法与莲藕炸真薯等相似，成品的美妙口感却截然不同。因此讲究的人们，会将它做成天妇罗配荞麦面享用。此料理非常值得挑战一试，做法本身也简单。只是请一定要使用日本产的慈姑。

慈姑皮无须削去，只切除带根的部分，将它磨成泥；接着把凸出的芽切成极细的碎末，与磨好的慈姑泥混合；倒入蛋黄和少量盐，再加入作为黏合剂的小麦粉一起混合；用汤勺舀起，整理形状，用比天妇罗更低的油温来炸，直至呈金黄色；最后撒上烤盐，或者蘸上天妇罗酱汁，也可以与白萝卜泥和生酱油一起享用。

对于认为“慈姑相较于冷冻虾，还是冷冻虾的价格更实惠”的人，我尤其想推荐这道菜，让对方感受其滋味。

把慈姑栽种于加了泥土和水的旧火盆或者缸里，一个根茎球可以生长出十个以上，最多可达二十个。慈姑是多年生植物，会不间断地生长。我按照同样的方法栽种了新潟的慈姑，用来做咸甜的炖菜是再好不过的食材。

慈姑属于泽泻科，长着美丽的心形叶子。在庭院的花朵间隙，慈姑也加入了紫苏、青紫苏以及茗荷的队伍中。不需要施肥，也不要花费工夫，慈姑的水钵能够遮挡盛夏露台的反光。自家栽培慈姑需要注意的是，因慈姑带有腐水的气味，烹调前必须在柠檬水里浸泡充分。

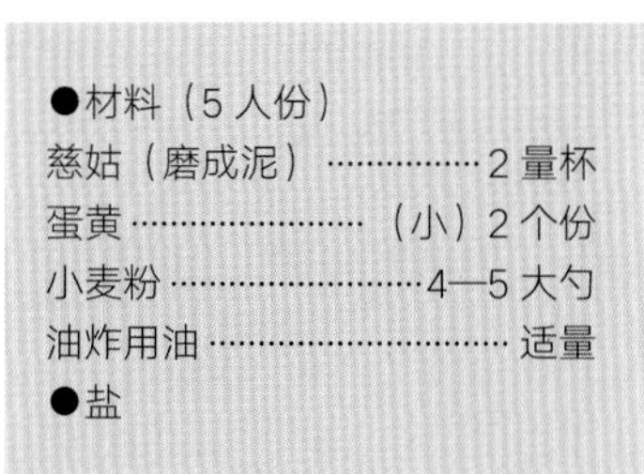

●材料（5人份）

慈姑（磨成泥）……2量杯

蛋黄……（小）2个份

小麦粉……4—5大勺

油炸用油……适量

●盐

1　炸真薯：通常指磨成泥的虾、蟹、白身鱼或者其他食材里，加入山药、蛋白和出汁等调味，再进行蒸、炖煮或者油炸的食物。

带皮磨成泥，用低温来油炸。

●做法

①慈姑磨成泥（参照正文所述）。若用中日本产慈姑，要把多余水分去掉。

②把蛋黄、少许盐和慈姑泥混合。此时将小麦粉筛入其中，充分混合成稠厚的面糊。

③将步骤②的面糊整理成真薯的形状，慢慢将其内部也炸透。

首先，用汤勺捞起满满一勺面糊。为了让面糊呈现蚌壳般拱起的形状，用小的硅胶铲或果酱刀，刮落多余的面糊。制作面糊的诀窍不是把山型的面糊放在汤勺上，而是刮落多余的面糊做出山形。此方法非常高效，也适合制作沙丁鱼的鱼丸。

●应用

【慈姑煎饼】

把慈姑切成2—3毫米厚的薄片，稍加风干之后慢慢油炸。与炸好的昆布合起来装盘，也是一道待客佳肴。

干萝卜炖芋头

由风养育的保存食物 做出无法割舍的家庭味道

在缔造美味的工作中，有种依靠寒风来处理食品的“风干作业”。主要包括谷物类、山珍海味等，其中不乏可即食的，但主要还是为了用来保存。

没有冰箱的时代，保存食物一般都是干货或者盐渍物。各个家庭也会把白萝卜和红薯切好晒干，制作一年份的烤米饼、柿饼和陈皮。每到这个季节，人们纷纷处理起囤积的干货，在冬日阳光的沐浴下，诚心实意地把簸筐摊开晾晒。

其中的干萝卜是干蔬菜的主力军。“萝卜……是不输于五谷杂粮的必备物。此物不足，宛如五谷不毛歉收……饥荒肆虐时期，此物更可救饥荒者于危难，其余诸等蔬菜莫可与之匹敌也。”（《草木六部耕种法》，江户时代的农学书）

干萝卜地位如此重要，同时也是很常见的食物。干萝卜可分为三类：将新鲜的白萝卜切好晒干而成、蒸好再晒干，以及冰天雪地里的冻萝卜。其中将新鲜的白萝卜晒干的种类更多样，切成细丝或者稍粗一点的蚕茧丝晒干、掰成块晒干、整个晒干等，比较不常见的是如同长尾鸡的尾巴般细长的品种。萝卜的味道以爱知县的“宫重萝卜”的肉质最紧实味美，无须用工具，仅凭人手就可掰开。

干萝卜的做法，每个地方各有特色，而与油豆腐和芋头的组合，是冬日里无法割舍的家庭之味。再加上三州味噌的参与，能品出那份凭生萝卜和芋头炖不出的香醇滋味。

料想是太阳与风为萝卜带来了包括维生素D在内的，萝卜自身不具备的力量。芋头则富含糖分和蛋白质，被称为长寿食物。老年人对这道菜的食欲来自身体的需求，但年轻人们也请不要放弃这带有风土特色的食物。

炖煮方法并不难。选择优质的干萝卜和芋头。若干萝卜质量好，可以泡发之后直接放入调好味的出汁里，和油豆腐一起炖煮。也有更适合提前预煮的干萝卜，煮干萝卜的汤汁，因味道太重，只能用一半，全凭自己经验判断。这次我将泡发后的干萝卜直接使用而没有预煮。

对于大部分人都感到棘手的削芋头手痒的烦恼，有一个避免的良方：用刷子将芋头表面彻底刷洗干净后，摊开放入滤盆，隔段时间上下翻面，晾到半干后再削皮。完全干燥则转刀比较困难，半干的状态下能很顺滑地转动刀子，也能把芋头削得较为漂亮。

适量多炖煮一些，吃完再添一碗。

●材料（5人份）
干萝卜（干燥）……………100g
芋头……………………………15个
油豆腐…………………………3片
二道出汁或水
……………………稍没过食材的程度
泡发干萝卜的水………………适量
●盐、味醂或砂糖、酱油

根据干萝卜的质地，来判别炖煮方法。

●做法

①芋头清洗干净，按照正文所述削去表皮。

②清洗干萝卜，浸入水中泡发约一小时。

③锅里倒入二道出汁（或水），把撇油后一片切成六块的油豆腐、步骤②的干萝卜和适量泡发干萝卜的水（品尝味道后）一起慢慢炖煮。

④待干萝卜炖软后，加入少许盐、味醂、2—3 大勺砂糖和 4—5 大勺酱油。根据萝卜渗出的甜味和鲜味来调整调味料的用量。

⑤加入调味料之后，把芋头切成适合食用的大小入锅。待芋头变绵软并入味后关火。

●附记

从前的干萝卜炖芋头不用出汁，只依靠干萝卜、芋头和油豆腐的鲜味炖煮而成。干萝卜沾染上（出汁里）小鱼干的味道未免败兴，如果食材本身质优，我更推荐使用简单朴素的精进出汁[1]来炖煮。用此方法时，干萝卜用油炒过后再使用。

按照本文的分量，剩下的干萝卜做稍浓的调味，加入出汁浸绿叶菜里，撒上芝麻也能变成佳肴。

1　精进出汁：以昆布、干香菇等植物系食材熬制的出汁。

三种味噌汤

与隆冬晚餐完美契合 透明可见的『故乡』

每餐都必不可少的食物，以正当季又寻常不会腻的为佳。而其中潜藏的营养，也正在慢慢被大家认知。

寻常的食物，背后往往蕴藏着一丝乡愁，其中之一就是味噌汤。

味噌的发源地据说是在中国，其后味噌和以其为调味料的菜式在日本有了独特的发展。作为家常的汤品，通过改变烹调方法和使用不同的食材，最终成了“妈妈的味道”，也可以说成了一种独特的饮食文化。

作为家常食物，一日三餐的味噌汤，包括招待客人的味噌汤，都有着无言的区别。本文介绍的三款隆冬享用的味噌汤，都属于晚餐用的汤品。

埋豆腐（图片最上方）

没有任何花样，却需要多次细心练习才能做好的一道豆腐汤。不过一旦功夫到家，被食客表扬“居然还可以这样做，好吃！”时收获的喜悦很真实。

制作豆腐味噌汤的食材就如材料表所列，但米饭要用刚煮好时热腾晶亮的米饭，再添上足量的海苔丝。用来招待客人时，最好搭配美味的风干鱼和腌菜等三种左右的小菜。备好餐具坐席之后，请客人入席并稍作等候。

烹饪的顺序是首先把备好的出汁以四份跟六份的比例分成两部分，分别倒入不同的锅里，开中火加热。四份锅里的出汁沸腾后，倒入豆腐加热。轻轻晃动豆腐，在即将浮起之前捞出，放入已预热好的碗中央。豆腐上面轻轻盖上半碗米饭；六份锅里的出汁沸腾后，从碗的边缘轻轻倒入，顶部放上一撮浸过水的大葱，盖上碗盖端上餐桌。

端上桌后要趁热享用。海苔丝边吃边添加，安静而优美。

烤西太公鱼和牛蒡丝的八丁味噌汤（图片下方）

捕西太公鱼是隆冬季节的一道风物诗。幸运的是我们在超市里也能买到新鲜的西太公鱼。若能入手产地出品的素烤西太公鱼，只需加热就能享用，与牛蒡、三河地区（现爱知县中、东部）的本八丁味噌组合出绝妙的滋味，让人深刻感受到日本风味。

烤青花鱼和冬葱段的赤味噌汤

香料使用七味粉。冬青花鱼细腻的脂肪非常美味。带尾巴的鱼肉一定要切成三口大小，穿上金属签来烧烤。鱼烤好和将葱段投入煮沸的汤汁里控制在同一时间。烤好的鱼放入碗中，浇上满满的汤汁。青花鱼的鲜味、葱和七味粉的香气，组合成幸福的味道。

●材料（5 碗份）

【埋豆腐】

豆腐…… 1 又 2/3 块（1 碗 1/3 块）

头道出汁……………………………8 量杯

混合味噌（甜味噌和赤味噌各半混合起来）…………………10 大勺

刚煮好的米饭…………………… 适量

药味佐料 { 浸水大葱 ……10 大勺；海苔丝 ………… 适量 }

埋豆腐选用刚煮好的米饭来烹调。
味噌、主要食材以及香料是绝妙的组合。

【烤西太公鱼和牛蒡丝的八丁味噌汤】
西太公鱼……………………………15 条
牛蒡薄片……………………………10 大勺
头道出汁……………………3 又 3/4 量杯
味噌（八丁味噌：甜味噌 =2 ：1 的比例混合而成）……………………5 大勺

【烤青花鱼和冬葱段的赤味噌汤】
烤青花鱼小块……………………5—10 块
大葱小段（1.5cm 长度）…………1 根份
头道出汁……………………3 又 3/4 量杯
烤过的青花鱼主骨……………………适量
味噌（赤味噌：甜味噌 =2 ：1）
……………………………………5 大勺
七味粉…………………………………适量

●做法

【埋豆腐】
混合味噌用出汁兑开，进行过滤（推荐选用马毛制的筛网）。筛网上残留的豆渣用汤汁再浇一遍，可以最大程度过滤豆渣，使汤汁的口感变细腻。接下来的步骤请参照正文的内容。

【烤西太公鱼和牛蒡丝的八丁味噌汤】
①八丁味噌浸入出汁软化后，放入研磨钵研磨。和烹调埋豆腐时一样过滤。
②牛蒡薄片浸水去涩，最后用水清洗一遍。西太公鱼穿上金属签烤熟。
③把烤熟的西太公鱼装入碗中，接下来倒入汤汁，最后放上牛蒡丝。

【烤青花鱼和冬葱段的赤味噌汤】
青花鱼的鱼主骨烤过之后用头道出汁熬煮，再做成味噌汤。接下来的步骤请参照正文的内容。

菜泡饭

适合营养过剩的现代人
补充蔬菜摄入量也能养胃

据说从镰仓时代到室町时代，菜泡饭曾一度非常盛行。最初人们坐在围炉边，将硬邦邦的冷饭（可能是杂粮）浇上蔬菜汤，大口吃下去。或许是它带来了满足感，才得以保留下来，并被慢慢下功夫做得更为精细了。

现在菜泡饭的种类已经从残羹冷炙浇上热汤，变成了高级的鱼饭，特别是像弥生饭（把春天的时令食材切细，以美丽的颜色组合放在米饭上，浇上酱油出汁食用）般的菜泡饭，成了将日本的审美意识浓缩在一个碗中表达出来的食物，且种类更为丰富多彩。用来搭配的米饭除了白饭，还可以有调味饭和红豆糯米饭等。汤汁也有小鱼干出汁、头道出汁和其他汤等多种选择。

本文介绍的菜泡饭形式，从五十多年前就开始出现在我家的饭桌上，一直食用至今，或许就是菜泡饭的原型，根据就来自材料：白萝卜、胡萝卜、牛蒡和芋头，出汁是小鱼干出汁，米饭则是小麦饭。过去因距离大海较远，饭桌上不怎么出现鱼，甚至连油都没有，选材也大都落在山林食材上。

那为何时至今日，还要向你推荐这样原始的食物呢？我认为现代人摄入的营养大都过剩，不妨每周一次，过一天不摄入蛋白质和脂肪的日子。同时，为补充摄入不足的蔬菜，我推荐星期天的早午饭也来食用菜泡饭。

若想通过菜泡饭来补充精力，那么可以将其作为酒席收尾的汤汁食物，以及茶泡饭的代替品。可以缓和酒精对人体的伤害，想必会受酒徒们欢迎。

做法上的注意点是把握住菜泡饭的本性，也即它那质朴的原型。但这恰恰是最难的。强求质朴而过犹不及也非好事。就好像在绑织布料的背后织入绢丝，在看不到的地方更要铆足劲。但也不必过度用力。菜泡饭和茶泡饭不同，侧重点在喝下汤汁的鲜美口感。“背后的绢丝”指的是食材的切法。若为追求同一尺寸而全部纵向切开，虽然品相不错，但和米饭搭配起来口感不佳。所以请先把白萝卜切成立方体，再切成薄片，进而切成细丝。胡萝卜则先斜切成圆片，再斜切成细丝。细丝尽量切短，这样喝汤就口时不会漏嘴。

关于食用菜泡饭的礼仪，北条氏康[1]曾经因为看到长子氏政不会拿捏米饭里汤汁的量，重复加汤汁的情景，感叹这样的小事都做不好，怎能将家主之位传于长子。可见对食礼也不能忽视。

选好茶碗的尺寸、数种药味佐料和些许腌渍菜。带着某种气势，来讲究地品尝菜泡饭吧。

●材料（5人份=1人2碗份）

白萝卜……1/2根
胡萝卜……约超过白萝卜1/3的量
牛蒡……与胡萝卜同量
干香菇（泡发）……4—5个
芋头……7个
出汁……15量杯
梅干的核……4颗
盐、酱油……各适量
米饭（较软的饭、小麦饭也可）……根据人数
药味佐料（切碎的芹菜或者鸭儿芹、芝麻碎末、陈皮）……各适量

1　北条氏康（1515—1571）：日本战国时代的武将、大名。

为和米饭较好搭配，考量蔬菜丝的长度。

●做法

①白萝卜和胡萝卜按照正文所述切成细丝。牛蒡配合细丝的大小削成薄片，浸入水中。香菇切成薄片。

②芋头削皮（参照 162 页），切成 1.5 厘米厚的圆片。

③土锅里倒入出汁、梅干的核和少量的盐，开火加热。

④把步骤①的白萝卜、胡萝卜和牛蒡在水里清洗一遍后入锅，香菇也一起加入。

⑤待步骤④的食材煮到五分熟软化之后，用盐和酱油把汤汁调成直接可以喝的咸度。此时加入芋头，煮到芋头变软为止。

⑥备好药味佐料。

⑦将装有汤汁的整个土锅放在餐桌中央。往大茶碗里盛入七分满的米饭，考虑不破坏吃到最后的食材与汤汁比例，舀起适量的食材和汤汁浇在米饭上。

法式家常浓汤

常伴人生的温馨的『好妇人』

乳白色的土豆和西芹的优雅风味包裹着胡萝卜色，一碗带来温暖又无限柔和的汤品。

往断奶期的婴儿口中喂上满满一勺，来填饱他们的胃；也适合作为考生的夜宵和减轻工作压力的食物；还能舒缓母乳喂养的疲劳；对手术后身体的恢复也有益处，带去生的活力。

人生的起点和终点，都有这一碗陪伴左右，一道支撑生命的可贵食物。

无论哪个民族，都守护并传承着一两种这样的食物。在法国，就有这道家常浓汤“potage bonne femme”。巧妙的是，“bonne femme”在法语里正是“好妇人”的意思。另外，像家常沙拉“salad bonne femme”、舌鳎鱼的“bonne femme”等，在法国，无法割舍的家庭菜，似乎都会用到这个词。

在细说之前，先来看看“potage”这一名词。事实上，potage 是汤的总称。将其分类，澄澈的清汤叫作 potage clair；以蔬菜类、谷类和豆类等材料做成的较为稠厚的汤叫作 potage lié。不少人误以为 potage 只代表后者，请在脑中先梳理一番。

顺便介绍几种烹调“lié”时起黏合作用的食材。蔬菜中经常被用到的是土豆和南瓜。谷类之中有小麦粉、燕麦、米和荞麦。豆类里则可用豌豆和四季豆等。

本文介绍的法式家常浓汤中，作为黏合剂的是土豆。黏质或粉质的土豆都可以，美味的关键是将蔬菜蒸炒充分。“蒸炒”是日式与中式都没有的烹饪技法。

我希望没有看过烹调过程的读者也知道这个词的来源，于是思考了最直白的说明，也即：蒸炒在法语里叫作“suer”（淌汗）。要点是选择比较能保持蔬菜水分的厚壁锅，同时注意火力的调节。开小火配合使用锅盖，将蔬菜蒸炒到七分熟软为止。使用锅盖可以确保“suer”工作顺利进行。

potage lié 可以通过我们熟悉的玉米浓汤来拉近距离感。但比起使用将白汁稀释后做成的法式白汁（béchamel），以蔬菜类作为黏合剂的汤更应该成为主力。

除此之外，potage 里可以不加其他东西，图中我则用了切成骰子模样的绢豆腐块。

●材料（10 量杯份）

洋葱……150g
土豆……500g
胡萝卜……小 200g
西芹……小 200g
月桂叶……1 片
特级初榨橄榄油或者优质色拉油……3 大勺
鸡汤或者水……4—5 量杯
牛奶……2 量杯
盐……2 小勺

黏合剂选用土豆。
做好蒸炒这一步。

●做法

①洋葱切成薄片，土豆切成约 1 厘米的扇形薄片，胡萝卜切成 5 毫米厚的半月形，西芹切成 3 毫米厚的碎末。把洋葱以外的食材按照顺序放入一个深盆里浸泡约 10 分钟。

②把食材表中油总量的一半倒入锅中，将洋葱蒸炒至七分熟。此时将步骤①中洋葱以外浸水的食材用水冲洗一遍，充分沥干水分后倒入锅中，倒入剩余的油，蒸炒至七分熟。

③往步骤②的锅里加入没过食材的鸡汤或者水和少量盐，放入月桂叶，煮到蔬菜变软为止。

④锅中食材降温之后，用搅拌机搅拌。之后用万能漏网过滤一遍以达到最佳口感。

⑤把步骤④的食材倒回锅中，用剩余汤的一部分冲洗搅拌机的内侧，也倒回锅中。开火加热，将剩余的汤和牛奶用来调节汤的浓度，加盐来调整咸度。

西班牙风格煮白芸豆

改变煮豆时甜口的习惯
活化豆子原本的营养

我曾写过一本和豆料理相关的食谱书，其中咸口占六成、甜口占四成。

我能毫无厌倦地写完，首先因为“豆子”本身是个有趣的食材。其次是出于对我们当下饮食状况的担忧，期望大家更多地关注谷物和豆类。其中，如何从我们习以为常的甜味煮豆的魅力之外找到新的方向，也是我写这本书时的考量之一。

现在的我们远离了吴汁、豆子昆布、五目豆和打豆等充满百姓智慧的饮食文化。如今大部分人对煮得不够甜的豆子，产生不了满足感。但这是在可以轻易入手砂糖的明治时期以后才发生的状况。将豆子难得的营养用砂糖弱化后再食用的民族，除了日本以外几乎没听说过。其他民族往往在豆子里加入少量油脂、动物蛋白质和蔬菜，以此来放大豆子的营养。

本文介绍的西班牙风格的煮白芸豆，出自西班牙阿拉贡地区，是一道使用当地引以为傲并被尊称为“柱之圣母”的白芸豆烹调而成的料理。如果蔬菜浓汤在法语里被称为“bonne femme”（好妇人），那么我想，这道煮白芸豆也可以被称为“bueno feminina”（西班牙语：好妇人）。

白盘里装着白豆，并且已经煮到酥软。当我漫不经心舀上一勺送到嘴里，却在入口后大吃一惊——这件事发生在二十三年前。相较于我很喜欢的甜煮白芸豆和鹌鹑豆，它是用橄榄油炒过的洋葱和豆子炖煮而成的，只用了盐来调味。当时我的心情就好像是突然脱下和服，换上了洋服。正是因为那种美味的口感，构筑了我内心煮咸味豆子的信心。

在解说做法之前，大家要先了解日本的白芸豆跟南美和西班牙的豆子比起来，皮更硬、涩味更强，所以直接沿用当地的做法，稍显困难。但我并不希望在其中添入日式的元素。

纯南欧风格的做法是一开始就把豆子和油、蔬菜一起烧，但在日本，像白芸豆之类的豆子，需要换三遍热水。由于此举有其实际意义，因此我会换一次水，接下来再按南欧风格来做。油的主要作用是去豆子的涩味。加入调味蔬菜毫无疑问是考虑到整体风味。日本采用的去涩方法是先煮沸再浸水，或者用米糠水等水煮来去涩。而在他乡，欧洲人或许认可涩味也是食物的一部分，只是通过加入油脂来丰富食物的口感。

请多煮一些豆子保存起来，可以活用于汤和沙拉等各种菜肴。172 页的田园煎蛋饼（tortilla jardinera），就是用煮白芸豆烹调而成的。煮好的白芸豆可以冷冻，请分成每份约 2 杯的量分开保存。

●材料

水煮的材料（成品 5 杯）

白芸豆（干燥）……………3 量杯

A
- 橄榄油……………………3 大勺
- 洋葱（对半切开）（中）……………………1/2 个
- 胡萝卜（纵向劈成四段）……………………1/2 根
- 西芹……………………1/2 根
- 月桂叶……………………1 片

收尾用材料

水煮白芸豆……………………3 量杯

洋葱（切成粗粒）……2/3 量杯

橄榄油……………………3 大勺

豆子煮汁和汤★

月桂叶……………………1 片

盐……………………2/3 小勺

添加调味蔬菜进行水煮，油脂使涩味也变得更容易入口。

●做法

①把白芸豆浸入分量是豆子五倍的水中浸泡一晚。

②锅里加入浸泡过的豆子和没过豆子表面约 3 厘米的水，开火加热。煮沸后转为小火炖煮 15—20 分钟。把锅子移到热水龙头下面，慢慢加入热水，等涩味全部清除后，加入没过豆子表面约 2 厘米的热水。用热水的目的是为了不让温度的变化对豆子造成影响。

③把 A 的材料加入步骤②的锅中，用小火煮到变软为止。

④收尾。再另起一锅，倒入橄榄油加热，首先将洋葱加以蒸炒。此时从步骤③的锅中取出白芸豆倒入其中，将煮汁和汤以对半的比例注入锅中，以没过豆子的程度为准。加入盐和月桂叶之后再煮约 15 分钟。

★汤用 1 杯水和 1/4 块固体汤料块稀释而成。

田园煎蛋饼

鸡蛋料理也可以越过比利牛斯山脉 展现伊比利亚独特的能量

在上一篇“西班牙风格煮白芸豆”的文末，我请大家将煮好的多余豆子保存起来。在这里，我将介绍以保存状态完好的豆子为原料来烹制的这道田园煎蛋饼“tortilla jardinera”。

纵观西班牙料理，与其他南欧国家如意大利和法国南部相比，我发现他们的鸡蛋料理、鸡蛋点心似乎更多。别处难得一见的大蒜汤“sopa de ajo”里会打入鸡蛋。土锅料理的豆子和番茄味炖菜“cazuela”里也有鸡蛋。水煮鸡蛋更是被拿来装饰肉、鱼和沙拉等菜肴。食材明明与其他南欧国家并无二致，但翻越了比利牛斯山脉之后，伊比利亚独特的能量就能使它们的味道变得更鲜明，真是不可思议。

其中就有一道有趣的煎蛋饼“tortilla”。我们印象中的西式煎蛋饼一般都是半月形，加入的食材若隐若现。而在这里却呈现圆形，小的类似热香饼，大的也不过是玩具拨浪鼓大小。

特别有代表性的是以少许洋葱和土豆为材料的“tortilla patatas”。它的直径有 20 厘米、厚度为 3—4 厘米。切开可以看到切得薄薄的土豆片那层层叠叠的断面。与我们把鸡蛋烧作为便当里的小菜相同，西班牙人的便当里也有这个煎蛋，甚至爬山也会随身携带。对西班牙人而言，煎蛋饼就是这样的存在。

田园煎蛋饼是将身边的时令蔬菜与鸡蛋结合，比如土豆、洋葱、胡萝卜、四季豆、豌豆、蚕豆、西葫芦、芦笋还有水煮豆等放入煎蛋饼里，再添加少许火腿和香肠类来增加风味，大部分情况下还会加入番茄，煮到水分蒸发，再倒入鸡蛋煎成蛋饼。

查看材料表，比起只用土豆来煎，你发现更难的是哪个部分呢？用我自己的方法，将打散的鸡蛋液取出 1/3 放入另外的容器中，剩下 2/3 的鸡蛋液和其他材料一起炒成半熟蛋，转移到烤箱用的烤盘或者土锅内，表面摊平，从上方倒入之前另外取出来的鸡蛋液，撒上帕玛森干酪碎和切碎的黄油，放入充分预热过的烤箱上层进行烘烤。

烤到半熟程度即可，绝不能烤到表面发干。烤好后直接端上桌，分取享用。田园煎蛋饼不管是幼儿还是老人都适合食用。这道煎蛋饼可以作为招待客人的副菜、三明治聚会的其中一道菜肴，也能当成整理剩菜的一个方法，根据使用材料的不同，能够变身为不同风格的料理。

作为整理剩菜的方法，可以藏入一块肉饼和冷饭。浇上自制的番茄酱汁，会变成一种更高级的美味。

●材料（6—8 人份）

鸡蛋	10 个
水煮白芸豆	2 量杯
洋葱	（中）2/3 个
西芹（去筋）	1/2 根
水煮胡萝卜	（小）1 根
青椒	3 个
番茄（水煮也可）	（大）1 个
火腿	100g
大蒜	1 瓣
月桂叶	1 片
橄榄油	2 大勺
刨好的帕玛森干酪碎	适量

●盐、胡椒、黄油

烤到半熟的程度。
添上自制的酱汁变身为高级美味。

●做法

①大蒜切成碎末。

②洋葱、西芹、青椒和火腿全部切成1厘米小块，把胡萝卜切得再小一些。番茄剥皮去籽切成小块。

③锅里放入橄榄油，倒入步骤①的蒜末煸炒。接下来首先加入步骤②的洋葱炒到没有辛辣味，把番茄以外的材料全部倒入锅中蒸炒。之后加入白芸豆煮到软化，加入番茄、盐、胡椒和月桂叶，煮到水分收干为止。

④打散蛋液，加入胡椒和盐。将其中2/3的量倒入步骤③的锅中，做成半熟炒蛋。

⑤把黄油涂在耐热器皿内壁上，倒入步骤④的炒蛋并摊平，接下来参照上文所述进行烘烤。

* 煮白芸豆阶段时添加的调味蔬菜煮到差不多柔软时取出，也可以作为这道煎蛋的材料使用。

分葱和贝柱的醋味噌酱拌菜

将山海之生命盛入一皿 最适合庆祝春天的喜事

春天是为迎接入学、升学、毕业和就职的年轻生命祝福的季节。请不要嫌麻烦，用亲手做的佳肴为他们庆祝吧。一起围坐在餐桌边用餐，是互相确认彼此存在的好形式。

除了一部分在本书中曾经介绍过的菜肴，再加上其他可以预先备好的食材一起盛入大钵中，就变成一道适合用来庆祝喜事的"春日佳肴"。其中包含了厚鸡蛋烧、鸡肉南蛮渍、甘鲷西京渍、炖煮竹笋和蜂斗菜、分葱凉拌贝柱以及烤鱼糕等菜式。

如今的食谱介绍中，往往容易欠缺烹饪过程中的"准备工作"。同样的烹调步骤重复多次，聪明人自然能将其吸收掌握，让工作变得轻松，由此催生丰盛的团圆菜。"准备工作"就是下棋时的先手。

厨房工作中的"先手"之一便是常备出汁（冷冻），把用出汁稀释过的二杯醋、三杯醋低温加热，再冷藏备用，可以作为芝麻拌菜、调和味噌酱和西式菜肴的基础酱汁使用。本文要介绍的是其中的调和味噌酱。

把春天形容成拌菜的季节恐怕也不为过。借由味噌的力量把新鲜的山海之味相融合，极富自然趣旨。

像醋味噌酱拌分葱和裙带菜，以及将其与贝类混合起来用芥末醋味噌酱拌成的凉菜、竹笋和墨鱼的山椒叶拌菜还有土当归山椒叶拌菜等，都是我们熟悉的拌菜中的优秀代表。调和味噌酱更是可以用于各种田乐菜肴。冬天与锅物搭配也很方便。

调和味噌酱有白味噌系列和赤味噌系列。白味噌系列的代表在京都，赤味噌系列的代表是爱知县的本八丁味噌。不妨以此为标准，善加使用各地的味噌。如今超市里贩卖着大量的异国奶酪，日本人中也不乏对奶酪了如指掌的人。与之相比，日本味噌界为何不能对外展现对味噌的爱呢？作为料理人的我们，也需要反省自身，我们在当下对吸纳本国文化优势的认识还不够。

我们日常所用的调味料和各种伴随熟成过程的盐腌食品所含的鲜味都极其日式。日本的风土匮乏油的原料，我们必须从这一国情出发来钻研创作。

回想起来，我们的饮食生活似乎一直遵循着过去先人遗留下的习惯。不妨借此机会重新思考这些搭配组合的原点。比如醋味噌酱拌菜，原本是从万叶时期开始日本人所钟爱的一种食用方法。做法十分简单，比起烹调法则，更重视将预先分别备好的食材混合，以调配出微妙的味道，可以算是一种构筑作业。

制作凉拌菜是一项充满乐趣的工作。

【醋味噌酱】

●材料（5 人份）

分葱……1 把半
裙带菜（泡发）……1 量杯
中华马珂蛤、贝柱等……150g
头道出汁……适量
甜醋……适量
调和味噌酱
- 白味噌……2 量杯
- 蛋黄……1 个份
- 清酒……1/4 量杯
- 砂糖……1/3 量杯

米醋、水溶黄芥末……各少许

●盐、清酒、酱油

催生微妙滋味的『味噌』，是日本饮食生活的原点。

●做法

①制作调和味噌酱。锅里放入白味噌和蛋黄，充分搅拌。加清酒稀释，小火加热同时搅拌。煮沸之后加入砂糖拌匀。待味噌酱产生光泽，用勺子舀上来能够立起即可完成。

冷却后放入冰箱保存。半年内不会变质。

②取约 100 克步骤①的调和味噌酱放入研磨钵。加入米醋进行研磨，并加入水溶黄芥末。

③把分葱放入加了少许盐的热水里焯水。取出放在沥水盆里，浇上凉水冷却，切成 2 厘米长度。裙带菜切成适合食用的大小。

④将头道出汁用少许的清酒和酱油调味。裙带菜略煮后沥干汤汁，静置冷却。

⑤把贝类里除了贝柱以外的海鲜用盐抓洗，切成适合食用的大小，用甜醋清洗。

把分葱和裙带菜以及处理过的贝类用步骤②拌匀。

炖甲鱼风味鸡肉清汤

不使用出汁亦能带来满足感
多做一些用于各种和洋菜肴

日本的清汤，一般可分为日常的“汤汁”和怀石料理中的“煮物碗”。也就是说，大体上把装入碗中汤水较多的煮菜分成这样两大类。

最近我在国外待了约 10 天，更深切体会到了日本清汤的美感。不带脂肪，也不追求高蛋白质，男女老少无论健康状况如何都能接受的清汤，当季的丰富食物与入口的美妙滋味，让人有种说不出的安心感，是一种文化的积累。

“炖甲鱼风味鸡肉清汤”是一道即便不使用出汁也同样能得到满足的汤品。与丹后寿司[1]、黄芥末醋味噌凉拌贝类组合起来，口感平衡。

烹调甲鱼一般用生姜和清酒为底料调成的汤汁。因而以生姜汁和清酒提味的汤汁，就叫作“炖甲鱼风味清汤”。

食材用到的是饲养约 120 天的带骨鸡腿肉。一个 250 克以上的鸡腿可以让店家帮忙切成 6 块（最头上的鸡脚不要放入碗中）。材料表中的鸡腿肉以 5 人份为基准算出两个的用量，如果多煮一些，不管是鸡肉还是汤都可以存起来，活用于烹调各种日式或者西式菜肴。

“炖甲鱼风味清汤”的做法并无统一基准。我接下来所述的是烹调美味鸡肉的标准方法。

首先做预处理。一定要把鸡肉放入锅中的热水里焯水，待水沸腾后捞出，去除肉腥。热水里要放入柠檬，因为柠檬能充分去腥。每次最多焯 2 个带骨鸡腿。焯过水的鸡腿用冷水清洗。之后在鸡腿肉的切口淋上清酒，轻轻揉搓后静置约 10 分钟。

接下来将昆布浸泡过的水倒进锅中，加入白胡椒粒、月桂叶和一小勺盐，用较强的中火煮沸。使用昆布既可以增添汤的风味，平衡营养，也能发挥吸附浮沫的作用。提前放盐，也是为了之后促成肉的底味产生。肉煮到能轻易脱骨，但不会散架的程度。

这道家常清汤做成功之后，就可以尝试添加其他材料来煲汤，比如丁字麸[2]或者当季的生麸。更高级的做法是用新鲜豆腐皮吸收汤汁的底味，添上肉和时令绿色蔬菜呈上桌。

鸡翅只用来熬煮出汁，最后不装入碗中。剩下的鸡翅可以将肉撕下之后用美乃滋酱拌后食用，也可以作为奶油可乐饼的馅料来使用。

●材料（5 人份）

小鸡带骨腿肉……2 个
小鸡鸡翅……5 个
柠檬（切片）……2 片
清酒（揉入鸡肉用）……1/3 量杯
汤
- 昆布……（5cm 方块状）3 块
- 水……7—8 量杯
- 盐……1 小勺
- 白胡椒粒……7—8 颗
- 月桂叶……1 片

生姜汁……少许
葱白细丝……适量

●盐、清酒

1 丹后寿司：京都府北部丹后地区的乡土料理。主要特征是使用青花鱼的鱼松。

2 丁字麸：日本近江八幡市原产的麸，呈四边形且两面有横平竖直的线条。口感软糯久煮不烂，适合于炖煮菜。

焯水去除鸡肉腥味。
汤汁以生姜和清酒提味。

●做法

①参照正文所述，将鸡腿肉和鸡翅焯水后用冷水清洗。

②把洗好的鸡腿肉和鸡翅与汤的材料一起入锅，不盖锅盖，按正文进行炖煮。火的大小保持在表面能看到水静静滚动的程度。中途尽量将浮沫和脂肪撇去。约20分钟后注意关注锅里炖煮的状态，以防煮过。

③鸡肉煮好后，用汤清洗表面，取出鸡肉。因为肉汁的凝结块会吸附在鸡肉表面的缝隙里，之后放入碗中会导致汤汁变浑浊。

④把步骤③的汤倒入铺了干净的布巾的漏网里，过滤一遍。

⑤将锅清洗一遍，把步骤④的汤和鸡肉倒回锅中，加入少许清酒和盐来补充味道。

⑥碗中提前放入1/4小勺生姜汁，将步骤⑤的汤连同鸡腿肉一起倒入碗中，顶部放上一把葱白细丝。

豆腐拌菜

由豆腐的鲜美促生温和而平静的风土之味

“日式拌菜”属于不可或缺的日本料理之一，如芝麻拌菜、醋味噌拌菜和豆腐拌菜等。虽说微不足道，却是在别国少见的优雅秀逸之品。

可能有读者对日式拌菜并不熟悉，希望各位首先通过文字的解说，来领会料理的本质。

“拌”（和える）和“混”在日本料理里有所区别。要表达“拌”时，（日语里）用了“和”的汉字，是为了展现这个动作的最终目的，即把各种不同食材用拌料达到浑然一体的状态，从而感受到入口时的和谐。

而“混合”只是把不同的材料大致混在一起，通过味道的起承转合来产生美味的口感。

本文的豆腐拌菜，是以豆腐为拌料，将日本食材那份不言自明的温和滋味融合于一体。将饱含日本大豆独特风味的豆腐作为底味，能创造出令人钟爱的风土之味。因此准确来说，拌料应该是“日本的大豆和芝麻”吧。因为豆腐的储存期很短，请先记住其最佳食用季节是从秋天到冬天，结束于次年春天樱花飘落的时节。

母亲是制作日式拌菜的好手。接下来介绍的，是我在一次次回忆那令人怀念的味道中，记录下的制作方法。

首先作为拌料的豆腐，若是有值得信赖的豆腐店，那么生豆腐是最好的选择。一般在开水里加入少许盐，保持约 80℃的温度，把豆腐静静地煮上 7 分钟左右即可。将煮好的豆腐用棉布包好，再包上毛巾，放在两块木板之间，用较轻的镇石压 2 个小时左右，来去掉水分。在此期间可以将拌菜煮熟，并研磨芝麻。

芝麻虽然可以用现成的芝麻膏，但如果按照本文的芝麻分量，自己研磨也不难。少于这个量，反而无法利用研磨钵研磨。将芝麻研磨到顺滑，再把豆腐和调味料按顺序陆续加入研磨钵里研磨。最后用孔眼最细密的马毛漏网，或者绢丝漏网（可用万能漏网替代）过滤一遍，这样无论是口感还是味道，都能融合得更好。菜的调味尽量控制，主要依靠拌料的味道。

拌菜的组合选择香菇、胡萝卜、香味较浓的绿叶蔬菜等性质不同的蔬菜，通过拌料融合在一起更美味，这是一道带着母性意味的凉菜。

●材料（5 人份）

拌料

- 豆腐……1 块
- 白芝麻……4 大勺
- 盐……1/2 小勺
- 煮沸的味醂……4 大勺
- 砂糖……3—4 大勺
- 薄口酱油……1 小勺

拌菜

- 干香菇……20g
- 胡萝卜……70g
- 魔芋……半块
- 茼蒿叶……少许

拌料如同绢丝。将各种材料包裹并融合。

●做法

材料的煮法

①泡发后的香菇切成极薄的片状。用泡发香菇的水、2大勺砂糖、少许盐、一大勺清酒和2/3大勺酱油调成的汤汁，提前一晚把香菇煮熟。香菇捞出放入滤盆，使汤汁沉淀。

②胡萝卜切成2毫米宽、3厘米长的细丝。放入煮香菇的汤汁里，加味醂等调味料，放入水和梅干的核一起煮。和步骤①一样使汤汁与材料分离沉淀。

③魔芋用盐搓洗，水煮，切成和胡萝卜相同的大小。加入煮胡萝卜的汤汁，加少量水和调味料补足味道，煮到汤汁完全收干。

④把茼蒿叶焯水。

拌菜

①豆腐按照正文所述进行水煮并去除水分。

②洗好的芝麻放入无油的厚壁锅内，用极小的火炒制20—25分钟。

把芝麻放入研磨钵里研磨，加入步骤①的豆腐和各种调味料，搅拌混合。

会进行过滤拌料这一步骤的人不多，请一定要尝试一下。

③把步骤②的一半作为拌料，与煮好的蔬菜和茼蒿叶拌匀。

* 按照材料表中的分量，拌料应该还剩一半，加入一大勺醋就变成了白醋。请做成日式拌菜，或者浇在蚕豆和蜂斗菜上面享用吧。

葛饼、蕨饼

清爽又珍贵的葛根粉具有发汗解热的效果

手作的点心是传递生活舒适感的食物。食物经由人手制作而成，而手又紧紧与心连接。

“奶奶，你知道我要来，才提前做好的吧。谢谢。”侄孙看到我用剩面包做的布丁后，开心地“哇——”一下喊出声，并且对我说了这样的话。

他刚能利索说话，学会用认知有限的语言来表达自己的想法。相较于对着买来的甜点报以“谢谢”，他是在对“为我而做的心意”表达“谢谢”。这让我对幼儿的心声产生了敬畏之情。

茶间的小点心是不可或缺的存在。尚有余温的蒸红薯上盖着布巾，边上放着煎饼的罐子和糖块的瓶子；吃米糕的日子，还能看到矶边卷[1]和安倍川饼[2]；热香饼和甜甜圈出现在连续应考的日子；红豆荻饼、糯米团子、葛饼和蜜豆要等到亲戚的孩子们聚在一起的时候才会出现……考虑午饭到晚饭之间所消耗的能量，不过分宠溺，表达对孩子的关切之心，通过小点心来犒劳辛苦投身于学习和运动的孩子，这就是一种很好的举动。

随着春天的来临，我们的身体会渴望入喉清爽的食物。像葛饼和荻饼就是适合一直享用到初夏的点心。葛粉是从长了三十年、与成年人大腿一般粗的葛根里提取而来。100 千克的葛根只能提取到 7—10 千克的葛粉，与大量生产的马铃薯淀粉、玉米淀粉之类没有可比性，是一种清爽而珍贵的淀粉。

葛粉是一种想送入断奶初期婴儿嘴里的食材。同时，它还能促进人体发汗、解热，温暖身体，并能止渴、治疗痢疾，以及醒酒等，希望各位在必要的时刻能想起它的存在。因为葛根粉是如此珍贵的东西，吃起来必然会让人身心愉悦。

葛饼的制作很简单，不费工夫。但需要充分搅拌，所以请避免使用廉价的铝制锅。还有，搅拌时尽量使铲子与锅底保持直角，不要让葛粉粘在锅壁上。因为将粘到锅壁上的部分一起混合，便是葛饼产生结块的原因。

图片下方是加了红豆馅的葛饼，市售的红豆馅也有品质非常好的。

蕨饼（图片上方）也会因为粉质不同而产生巨大差异。我听说鹿儿岛县垂水市出产的蕨粉较好。蕨粉具有使身体降温的功效，可以作为家庭散热药来使用。黑糖浆和黄豆粉也都富含养分，是一道益处多多的小点心。

●材料（各 5 人份）

【葛饼】

葛根粉……65g
砂糖……100g
水……1 又 1/2 量杯
甜味红豆馅……130—180g
黄豆粉……适量

【蕨饼】

蕨粉……70g
葛根粉……30g
砂糖……150g
水……2 量杯
黑糖浆、黄豆粉……各适量

1 矶边卷：烤过的米糕蘸上酱油，再用海苔包裹好享用的料理。

2 安倍川饼：一种静冈县的著名和果子。捣好的米糕撒上黄豆粉后再撒入白糖的甜点。现在多为一个盘子里同时装有撒上黄豆粉的米糕和用红豆馅包住的米糕。

铲子与锅底保持直角，葛粉尽量不粘在锅壁上。

●做法

【葛饼】

①葛粉和砂糖用水溶解，充分混合后用布过滤。倒入锅中，火力保持较大的中火。不间断地将锅底搅拌加热。葛粉煮熟后会变成透明色。此时调小火力，继续搅拌。搅拌到位的标志是用饭勺舀起葛粉，像绢丝般轻飘飘掉落下来的程度。加入红豆馅，充分搅拌均匀。

②将步骤①的葛粉一次倒入长方形金属模具。连同模具一起蒸 20 分钟左右，可以弥补搅打不足的情况。自然冷却后，把葛饼从模具中取出并切开。

撒上黄豆粉享用。

【蕨饼】

①蕨粉、葛粉和砂糖用水溶解。

②用和葛饼相同的火力并搅拌，变透明后转为小火继续搅拌约 15 分钟，用饭勺舀起蕨粉，呈现不掉落的坚硬状态时，将其转移到冰水里。

③冷却后撕成便于食用的大小，淋上黑糖浆，撒上黄豆粉装盘。

* 黑糖浆

把一杯黑砂糖、一杯半白砂糖和一杯水放在一起熬煮而成。

飞龙头

能激活四季食材 彰显豆腐强大的包容力

豆腐的不可思议之处在于，虽然自身味道淡泊，但和各种食材组合，或是进行口感不同的调味，却都不会改变豆腐的本性。这或许就是大豆的特点。

据说最初记载了豆腐的文献，是1183年春日大社的供物账《唐符》。之后过了六百年，在1782年出版了记载着百种豆腐料理的解说书《豆腐百珍》，是一本不站在专业角度、而是以文人玩味之心写成的有趣书籍。

飞龙头（即关东地区的炸豆腐饼）也在百珍之中，当时的佐料（馅料）如馒头[1]里的豆沙馅般，是用被压碎的豆腐包裹而成。将馅料粗粗地混合起来可能是一种为了追求便捷的方法。

豆腐的包容力无限大。从往猪肉糜里加入大葱、生姜的拳骨[2]风格，到把生豆腐皮、百合和银杏等食物包起来的京都风味，或有五十种左右的搭配方案。按时节不同，从秋季过渡到冬季，飞龙头里用一些当季的药味佐料，就能体现鲜明的季节感。春天用竹笋、鲜香菇、豆荚和青豆；到了初夏换成新牛蒡、新鲜胡萝卜和刚上市的四季豆。所有的材料都必须进行相应的预处理。

本文要介绍的是可以作为待客佳肴的虾仁飞龙头，也可以将此作为使用其他内馅时的参考标准。各式各样的飞龙头做法所具备的共同点如下：①选用美味的木棉豆腐；②仔细将豆腐的水分控干；③把优质的油加热到约160℃，慢慢油炸。

只要留意以上三点，就不容易出错。把手边的材料用豆腐包裹，刚出锅热腾腾的时候添上萝卜泥食用，或者与薇菜等干货、羊栖菜、海带丝等海藻一起炖煮，也常常被用作汤的配料（如图）以及火锅的配菜。自制的飞龙头比起市售的具有双倍的美味和三倍的实惠，能使餐食内容更为丰富。

豆腐选择使用日本产黄豆制作的品种。用小布巾紧紧包住豆腐，之后外层再用质地较厚的布巾包裹住，将其夹在两块砧板的中间，压上镇石来控水。其中一块砧板的位置适当提高一些以促进控水。镇石的分量如果过重，豆腐里会有乳白色的汁液不停渗出，我感觉这样会导致豆腐美味成分的流失。待豆腐变成和耳垂差不多的柔软度时，掀开布巾，将豆腐放入研磨钵研磨。作为黏合剂，可以选择山药、大薯或者芋头，加入蛋黄、小麦粉和盐，充分研磨之后就变成了飞龙头的面糊。

用水湿手后将面糊搓成直径约5厘米的丸子，放入优质的油里，保持中火慢慢油炸。

用作汤的配料时，先撇去油分，出汁里淋入少许酱油，把飞龙头慢炖约15分钟，使其吸收汤汁。做成煮菜则不需要撇油，因为油分也是味道的一部分。

●材料（各5人份）

面糊
- 豆腐……2块
- 芋头之类的研磨物……4大勺
- 蛋黄……2个份
- 小麦粉……4大勺
- 盐……1/2小勺

材料
- 虾……200g
- 水煮竹笋……2/3量杯份
- 出汁……适量
- 鲜香菇……3个
- 油炸用油……适量

●清酒、薄口酱油

1　馒头：这里指日本和果子的一种，最早从中国传入。外皮以小麦粉做成，多为豆沙馅。

2　拳骨：烤得较硬的煎饼、米饼等的总称。

豆腐需要仔细控水。
飞龙头用中火慢慢油炸。

●做法

①按照正文所述，制作豆腐面糊。

②虾仁现剥最好。如果是冷冻虾仁的话，加数滴柠檬汁去腥。一半的虾仁细细剁成虾蓉，另外一半则切成 1 厘米小丁。

③水煮笋如果是笋根，先切成极薄的圆片，再顺着纤维走向切成细丝；如果是笋尖则与纤维呈直角切开。用少许出汁、清酒和薄口酱油烹煮。

④香菇切成薄片，放入竹笋的煮汁里略加烹煮。

⑤虾仁、竹笋和香菇加入步骤①的豆腐里，按照正文所述搓成丸子并油炸。

* 图片中的飞龙头用作汤汁的配料，可以加入土当归、胡萝卜、菜花和山椒叶，给汤汁略施薄芡。以豆腐为配料的汤汁，勾芡让口感更佳。

鱼子炖菜

传达春日大海的气息 与足量的蔬菜一起炖

大部分人喜欢的鱼子，想必是筋子[1]，鲑鱼子、咸鳕鱼子、明太子、鲱鱼子、乌鱼子、鲇鱼子、鱼子酱等吧。这些基本都是用盐来腌渍保存。但我希望能像收到春天大海的消息般，让大家意识到新鲜生鱼子的存在。

正当日本的大海充满着新生事物之时，带着山椒叶香的牛眼青鲑鱼子与土当归的炖煮菜，是宣告春天来临的一道名菜。通常情况下鲷鱼子更受重视，但其实牛眼青鲑鱼子才是此中极品。但自从昭和四十年代初起，已很难买到牛眼青鲑鱼子了，因为在长到成鱼之前，牛眼青鲑鱼就被捕获了。

幸运的是在北方海域还有狭鳕和太平洋真鳕。极度严寒的零下海域里人们辛苦地捕捞这些鱼类。即使没有牛眼青鲑鱼子，也能够靠鳕鱼子来歌颂春日的大海。狭鳕鱼子因颜色和形状可人而被称为红叶子。

本文要介绍的是如何巧妙烹调渐渐被人们遗忘的雌性狭鳕鱼子，即“真子”。（雄性狭鳕鱼子叫作菊子。用来酒蒸、烹煮火锅或汤，生食也是一道珍馐。）之所以说这个烹调方法巧妙，因为如果只以鱼子为原料炖煮，未免营养过剩，加入和鱼子差不多同等分量的香菇、胡萝卜和魔芋一起炖煮，就恰到好处。这是以前的人们基于对平衡营养学的感知力而创造出的方法。

再者因为加入了蔬菜，分量双倍，用便宜的鱼子可烹调出更经济实惠、任意添饭都不为过的佳肴。用一种充满生命力的东西来滋养另外一种生命，是让我们“站稳脚跟”或“独立自主”的条件。

处理被奇形怪状的坚硬表皮覆盖的真子时，请让小朋友来观察这个过程。用刀轻轻割开表皮，打开便会看到涌出的鱼子，孩子可能会觉得“恶心”。但同时他们也能看到数不清的鱼子之间都有血管连接着，会意识到小小的鱼子最终会长成为大鱼吧。

处理鱼子的共同注意点是去血。狭鳕鱼子的血管用刀尖割开，刀背轻轻挤压血管，使血渗出。太平洋真鳕鱼子用刀背从表皮上刮下取出，放入备好的漏网中。详细内容请参照做法里的具体步骤。

能够将鳕鱼子产地都不曾见过的细致处理方法传达给各位，
或许是因为从我幼时开始，大人就叫我“来，仔细看”吧。

●材料（5 人份）

- 狭鳕鱼子（真子）……1 条份
- 柠檬……2—3 片

胡萝卜……（中等大小）1 根
香菇……（中等大小）4 个
魔芋……1 块

煮汁：
- 水……1 量杯
- 味醂……1/2—2/3 量杯
- 清酒……1/4—1/2 量杯
- 酱油……1/4 量杯
- 生姜薄片（拇指大）2 片份

●盐

1　筋子：鳟鲑类的鱼子，整块不分开，连同卵巢一起盐渍或者用酱油腌渍而成。

鱼子放在漏网中清洗。
煮好之后放置一晚使之入味。

●做法

①将狭鳕鱼子从袋中转移到漏网中，并将漏网底部浸入水中，轻轻混合，水会变成淡红色，因此需要边换水边清洗。最后挤入柠檬汁去除鱼腥味。静置使水分完全被沥干。

②魔芋用盐搓洗并煮熟。胡萝卜和魔芋都切成 2 厘米的长条。香菇切薄片。

③用材料表中的水、调味料和生姜薄片烹煮步骤②中的材料。调味料的分量根据鱼子大小来调整。

④步骤③煮沸后加入步骤①中的鱼子一起煮，直到胡萝卜变软为止。

比起刚煮熟就食用，静置一晚入味后更美味。

●附记

狭鳕鱼和太平洋真鳕每到严冬季节会游到日本沿海岸产卵。听说捕捞量也在逐年递减。日本近期为了保护资源而控制了撒网量。为了我们的下一代，希望能协力使这样的鱼类增多。

菜花小碗盖饭和芥末拌菜花蛤蜊

黄绿色生命具有的特殊力量 变出简朴而扎实的餐食

“茎立菜”——对某些地区的人而言，这一叫法或许闻所未闻。

春意盎然时分，所有带叶蔬菜都开始抽薹。所谓抽薹就是菜生长到了一定阶段，植株开始进入结种子的状态。中心部分的茎长得又粗又直，顶部形成花蕾。这个蕴含生命力的顶部就有“茎立菜”这一美称。特别是顶部的花蕾充满了致力保护种子的能量。小松菜、油菜，还有水菜都属同类。不仅仅油菜的菜薹被称为菜花，所有同属性的菜薹都等同于菜花，即“茎立菜”。

大约是十多年之前的事情了吧。我在田里除草时发现了菜花那柔弱又纯真的花蕾，感受到了黄绿色的生命所具有的特殊力量，不由得马上想领受这份蓬勃的生命力。我没有把刚摘下的菜花水煮，而是往铜锅里倒入最好的橄榄油并加热，将菜花炒到呈现碧绿色，淋上少许清酒，加入江户人嗜好的极品酱油，满满地盛在刚煮好的米饭上美美地享用了一顿。生命力的传递，需要通过这样的食物、这样的吃法来体会和感知吧。

那个春天我仿佛冥冥中受到指引，以那样的方式烹饪了菜花。到了晚春时节，惊觉“哎呀，我这力气到底哪里来的啊？”。之后知道了花蕾所具备的能量，才终于揭开了心中的谜团。

在春光明媚正当时的那一个月之间，或许是因为每顿午饭都食用菜花，远离了春天的忧虑心情，才能够元气满满地迎接梅雨季节。

在这一个月之间，采摘茎立菜有相应的方法。尽管有些不舍，首先摘下最中间的花茎，侧芽便会迅速成长；再摘下侧芽，又会长出边芽。虽然长出的边芽很细，但也可以食用。

上面这段可能对家中无农田的人意义不大。但若有缘，不，最好创造机会，都市里生活的人也无须太过奢侈，尽力去培育这样具有生命力的食物，并以此来滋养人类的饮食方式吧。希望我们都能重返简朴而扎实的餐食。

另外一道芥末拌菜花蛤蜊，因为是“鬼平”[1]的喜好之物，一不在意就做成了浓郁的江户风格。在蛤蜊肉还是江户时期常被食用的小菜时，那些劳作的人们，或许一边感叹着“软软的蛤蜊肉真是让人没法抗拒啊”，一边开心地在晚上喝着酒吧。

将其做成一道让人无法割舍的小钵菜，诀窍在于以下几点：①焯菜花时盐的用量。开水里加的盐要比一般喝的汤稍多一些；②煮好的菜花放入冷水中降温后，再放入冰水中；③沥干水之后，用布巾包好，让布巾自然地吸收多余的水分。

●材料

【菜花小碗盖饭】（1 人份）

刚煮好的米饭 ……………………小盖碗浅浅 1 碗饭

菜花 ……………………………小小 1 把

优质橄榄油 …………1 又 1/2 大勺

清酒、优质酱油 ……………………………各 1 又 1/2 小勺

【芥末拌菜花蛤蜊】

菜花 ……………………………2—3 把

蛤蜊（带壳）……………………400g

水溶黄芥末 ……………………少许

●盐、清酒、味醂、酱油

1　鬼平：日本著名作家池波正太郎所著的时代小说《鬼平犯帐科》，略称为“鬼平”。这里指小说的主人公，江户时代的市井民事纠察官长谷川平藏。

春意盎然时期的茎立菜。
市售的菜先将其浸水以恢复生机。

●做法

【菜花小碗盖饭】

菜花浸水约 2 小时，使其恢复生机。沥掉表面的水，用布巾包裹吸收掉多余的水分。只用柔软的花茎部分和嫩叶。炒菜的方法参照正文。一次最多炒 3 人份。过多会导致水分渗出。

【芥末拌菜花蛤蜊】

①菜花放入水中，按正文所述水煮。

②带壳蛤蜊撒上盐，用力揉搓。清洗过后倒入平底锅内摊平，淋上清酒，开大火酒蒸。

③把步骤②的蛤蜊肉用调羹取出。

④锅中放入一部分酒蒸蛤蜊汤汁和同等分量的水，用味醂和酱油调成稍淡的味道，将蛤蜊肉煮开，放置冷却使之入味。

⑤取出蛤蜊肉，加入水溶黄芥末稍加搅拌。

⑥将蛤蜊的煮汁浇在切成适合食用大小的菜花上，与步骤⑤的蛤蜊混合即可。

关于『出汁』

很难数值化的营养 其效果却是『食』的基础

“御汁”——这与每天三次的“我开动了”一样富含深意。

把熬煮而成的汤唤作御汁，在世界范围内找不到第二个国家。这个词将日本出汁的本源、制作过程、成品，以及味道都绝妙地展现了出来。虔诚领受食物恩泽的民族信念也悄悄在心里扎根。

日本料理原本就是一种离开出汁便寸步难行的饮食结构体。

汤汁、炖煮菜、浸汁菜。所有出汁的鲜味，不直接用盐，而是加味噌之类的熟成调味料、酱油以及醋来调味。也就是撇开单一的盐味，添加带有风味和鲜味的调味料。

日本饮食不能说是完美无瑕。但是为了能在这样的风土下轻松生活下去，人们曾经努力过的轨迹，着实令人感动。

我曾经听专业人士提起过，出汁的营养成分很难以明确的数值来换算。其中昆布一种，就有一至五等的等级区别，因而很难建立评判标准，无法数值化也就能够理解了。

人很容易被数值左右。远离出汁的风潮可能不是单纯因为麻烦，我们有必要深究其中的原因。

然而出汁的滋养效果却是饮食文化的绝对基础。很久以前，食物种类并不丰富。但只要长期吃加了出汁的料理，孩子不会轻易骨折。

我来列举一下如今出汁的食材：昆布、香菇、干瓢。还有一些特殊的食材，比如炒大豆、炒玄米、胡萝卜干。另外还有鲣节花、小鱼干、各地出产的特色鱼干、鸡和其他蔬菜类的素材。

接下来，我要介绍从以上食材里挑选昆布和鲣节熬煮美味头道出汁以及熬煮小鱼干出汁的方法。

头道出汁要尽量选择优质的昆布和鲣节花，用来烹调清汤和特别日子里的炖煮菜等。

小鱼干出汁的材料有昆布、香菇、小鱼干。用小鱼干，是考虑滋养效果，加入其中的香菇具有能够给鱼、肉类去腥的作用。昆布能够使浮沫聚集起来，香菇又能去除异味，三者是无可挑剔的组合。之后可以将用于熬煮出汁的昆布和香菇冷冻保存，把昆布当成炖煮菜时的落盖使用，香菇则切小后多用于肉类菜肴。

我们会事先确定好一周内所用的出汁分量，定期熬煮，分成冷藏和冷冻两种方式保存，随取随用。未曾有过从头开始熬出汁再烹调菜肴的经历。

平日里一直使用化学出汁加工品的读者，请一定要在烹调的过程中感受天然出汁的力量。

【头道出汁】

●材料

昆布 ········（5cm 方块状）10 块

鲣节花 ······························· 40g

水 ·································10 量杯

【小鱼干出汁】

●材料

小鱼干粉末 ························3 大勺

天然出汁昆布（等级为三的种类）

············（5cm 方块状）5—6 块

干香菇（日本产中级）···· 5—6 个

水 ·································10 量杯

定期熬煮出汁，把一周的用量冷藏、冷冻起来备用。

【头道出汁】

①昆布提前一小时放入锅中，加水浸泡。

②用较强的中火开始煮，昆布表面泛起小水泡并开始轻微晃动时，将火力调弱。间或品尝味道（不同种类的昆布味道也不尽相同，不要只拘泥于规定的熬煮时间），尽量将素材的滋养成分和鲜味全部激发出来。

取出昆布，锅里倒入约一杯的水使温度下降，马上把鲣节花撒入锅中，放入鲣节花之后不要久煮。等鲣节花先沉下去再浮上来之时，品尝味道，放入备好的漏网中过滤。

【小鱼干出汁】

选择没有经过油煎的小鱼干。假设买了约一千克的小鱼干，可以一次性把鱼身和鱼头分开，鱼肠和鱼鳃去除，掰开鱼身。另择一日选用一个不含油分的厚壁锅子，将鱼头和鱼身分别用中火以下的火力干炒，放入料理机或者研磨钵加工成粉末状。之后倒入玻璃瓶中冷藏常备。通过这样的处理可以达到以下两个效果：一是通过干炒去除第一阶段的腥味，二是加工成粉末可以使味道和养分更容易渗出。

①总水量按照 6 杯和 4 杯分开倒入两个锅中。6 杯水的锅中加入昆布和干香菇 =A，4 杯水的锅中加入小鱼干粉 =B，各自静置约一小时。

②将 A、B 分别开火加热。A 用中火，B 用中小火。B 煮沸之后，锅壁会浮起小泡沫。等待一两分钟，在万能漏网里放上厨房纸巾，将 B 过滤后倒入 A 的锅中。

③ A 的锅中会迅速产生浮沫，将其撇去。把火力调弱，确保在不沸腾的状态下熬煮约 20 分钟，激发鲜味的渗出。品尝味道，捞出昆布和香菇。

后 记

为何必须要进食呢?

那是因为人需要面对严酷的生存机制。

食物又为何必须跟随时令而选择呢?

那是因为我们生存的这片风土，如同跟我们血脉相连的老家，而时令的食物，就是家里那个受宠爱的孩子。

季节变迁，我们人体的新陈代谢也完全跟随着它的节奏，除了造化之妙外，找不到其他语言来形容。这一点全世界共通。

这个事实我们心里再清楚不过。

日本的饮食情况极其复杂。人们各自进行厨事的姿态，和过去围成一团其乐融融烹调食物的历史大相径庭，我甚至还听闻有些人完全不肯花费工夫，只求摄取基本营养物质。

饮食这件事情左右人的知性和感性，甚至可以塑造一个人，它与整个人生前进的原动力，甚至灵魂的内核，都有着极深的牵连。

家庭厨房里的日常工作，是累积和推倒循环往复的过程，再热爱，也会有迷失自我般的不安感和不尽如人意的焦躁感。我自身在直到四十五岁左右，也无法很轻松地解决这些困惑。

然而我深知在生存机制面前，除了坦然接受以外并无其他途径，从而一路走到了今天。

人生的本质也不外如此。

我选择放下负担愉快面对，去用心思考素材的本质与适当的烹调方法之间的调配组合，慢慢终于将其合理化。而这也不过是其中的一部分。

我相信我们对事物的用心，会让每一餐守护我们的生命。

两年来，我为朝日新闻写连载文章的过程中，多方读者寄来的信件，都向我传达一种我所写的料理已经实实在在被大家所接受的讯息，这是我能够将这份工作长久坚持下来的支柱。

感谢——实践这些料理的做法并向我反馈味道的朝日记者浅野真先生，以精准的目光捕捉画面并完成整本书摄影工作的小林庸浩先生和齐心协力、在旁边支持我烹调工作的助手们，以及在本书出版之际，日本放送出版协会和放送出版 PRODUCTION 给予的理解。

本书在各方面的善意环绕下，最终得以出版。

在此致以我不尽的感激。

辰巳芳子

1999 年 2 月

图书在版编目（CIP）数据

辰巳芳子的四季之味：滋养生命的家庭料理 /（日）辰巳芳子著；吴绣绣译．– 北京：北京联合出版公司，2021.2

ISBN 978-7-5596-4958-4

Ⅰ．①辰… Ⅱ．①辰… ②吴… Ⅲ．①菜谱 – 日本 Ⅳ．① TS972.183.13

中国版本图书馆 CIP 数据核字（2021）第 015180 号

辰巳芳子的四季之味：滋养生命的家庭料理

作　　者：［日］辰巳芳子
译　　者：吴绣绣
出 品 人：赵红仕
责任编辑：徐　鹏
策划机构：雅众文化
　　　　　拙考文化
策 划 人：方雨辰
策划编辑：陈希颖
特约编辑：蔡加荣
装帧设计：方　为
摄　　影：小林庸浩

北京联合出版公司出版
（北京市西城区德外大街83号楼9层　100088）
北京联合天畅文化传播公司发行
山东临沂新华印刷物流集团有限责任公司印刷　新华书店经销
字数100千字　787毫米 × 1092毫米　1/16　12印张
2021年2月第1版　2021年2月第1次印刷
ISBN 978-7-5596-4958-4
定价：128.00元

拙考